农村百事通丛书

特色种植

TESE ZHONGZHI

主　编　徐　健

副主编　谢思和

编　委　田　玲　周小红　刘丽婷　徐　健

黄　萌　程宁宁　谢思和　赖韩霏

江西科学技术出版社

图书在版编目(CIP)数据

特色种植 / 徐健主编. —南昌：江西科学技术出版社, 2015.6
（农村百事通丛书）
ISBN 978-7-5390-5314-1
Ⅰ.①特… Ⅱ.①徐… Ⅲ.①作物-栽培技术 Ⅳ.①S5
中国版本图书馆CIP数据核字(2015)第131384号

国际互联网(Internet)地址：
http://www.jxkjcbs.com
选题序号：**KX**2014101
图书代码：**D15027-101**

特色种植 **徐 健 主编**

出版发行	江西科学技术出版社
社址	南昌市蓼洲街2号附1号 邮编：330009 电话：(0791)86623491 86639342(传真)
印刷	南昌市红星印刷有限公司
经销	各地新华书店
开本	850 mm × 1168 mm 1/32
字数	178千字
印张	7.75
版次	2015年8月第1版 2015年8月第1次印刷
书号	ISBN 978-7-5390-5314-1
定价	16.00元

赣版权登字-03-2015-82

前　言

知识改变命运，行动成就梦想。养成良好的阅读习惯就等于建好了知识高台的地基，选择合适的书籍就像登上了迈入知识殿堂的阶梯。在信息化时代，阅读内容大爆发，如何将自己有限的精力放到有效阅读上，是许多人经常思考的问题。

《农村百事通》作为在全国有广泛影响的著名刊物，该为“新农人”提供什么样的读物呢？我们想来想去，觉得还是编一套实用的“农村百事通丛书”最好了。都说《农村百事通》是一座知识大宝库，在这座宝库里选些什么内容呢？这着实花了我们不少心思。经过编辑们的谋划，我们最后选择将最近几年在《农村百事通》上刊登的获得读者广泛好评的内容精选出来，汇编成了《特色种植》《特色养殖》《百路财源》《法系百家》《百病妙治》等实用图书。这套丛书既是一个组合，每本又自成体系，五本丛书的内容基本包括了农村会遇到的实际问题和想寻求的应对办法，可谓丛书在手，生产生活无忧。

这套丛书内容广泛、通俗易读、信息量大、实用性强，特别适合农村干部、农业技术推广者、种植养殖从业者、法律工作者和普通农家阅读。

编者

2015.8.6

前言

目录

品种篇

技术篇

防治篇

品种篇

PINZHONG PIAN

大葱杂交种“辽葱6号”

1.特征特性

“辽葱6号”株高120厘米左右，葱白长50～55厘米、横径3.0～4.5厘米，叶鲜绿色，叶表蜡粉较多，叶片直立，生长期间功能叶（常绿叶片）5～6片。葱白紧实、洁白、甜嫩。植株开展度较小，抗风能力较强。营养生长期间独棵不分蘖，平均成株单株重250克，最大单株重可达800克。耐储藏，每亩产量4600公斤左右，冬储干葱可食用率为60.63%，粗蛋白质含量1.78%，维生素C含量174毫克/公斤，可溶性糖含量5.83%。适宜北方地区种植。

2.栽培技术要点

秋育苗和春育苗均可，前茬为小麦、蔬菜、马铃薯等茬口应进行秋育苗（辽宁7月上中旬）。春育苗要适当早播和稀播，每亩播种量2公斤左右。提倡地膜覆盖育苗，播期不应晚于4月上旬。幼苗分级定植，淘汰弱小苗。秋栽株距6厘米、行距60～65厘米，生长期间根据植株长势培土2～3次。（辽宁　崔连伟）

洋葱新品种——紫星一号

1.特征特性

“紫星一号”洋葱植株长势强，株高65～75厘米，有管状功能叶9～11片，叶片上冲、灰绿色，叶面蜡粉多。葱头扁圆形，横径8～9厘米、纵径6厘米，外表皮深紫红色、有鲜亮光泽，内部肉质白色，平均单球重250克左右，最大单球重在400克以上。品质脆嫩，有甜味，辣味较浓。抗霜霉病和紫斑病，耐储存。适应性广，较耐旱，耐抽薹。一般每亩产6000公斤左右，高产可达7000公斤以上，增产潜力很大。

2.栽培技术要点

紫星一号适宜在淮河以北、北京以南地区秋播夏收种植，新疆、宁夏、甘肃、东三省可采取春种秋收种植方式，但以秋播夏收种植为理想方式。

栽培的关键技术是：培育适时播种的壮苗，定植时选苗分级，在叶丛旺长期和葱头膨大期重点追肥，及时防治病虫害。（河北　郝金翠）

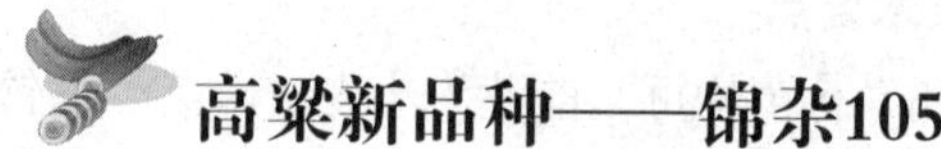

高粱新品种——锦杂105

“锦杂105”高粱2009年1月通过国家品种鉴定委员会鉴定。

一、特征特性

生育期131天，芽鞘绿色，幼苗绿色，成株株高189.6厘米，穗长30.4厘米，中紧穗型，纺锤形穗，籽粒橙红色，褐壳，单穗粒重85.9克，千粒重28.9克，籽粒粗蛋白质含量为10.02%、粗淀粉含量74.75%、单宁含量0.15%、赖氨酸含量0.34%。出米率高达82%，适口性好，适宜食用。

锦杂105籽粒整齐，一般每亩产500公斤以上。较抗丝黑穗病，无叶部病害，抗蚜虫。适宜在辽宁、河北以及山西榆次、甘肃平凉等地种植。

二、栽培技术要点

1.适期播种：适宜播种期在4月25日至5月20日。

2.合理密植：适宜种植密度为每亩6500株左右。

3.增施肥料：为保高产，应施农家肥。每亩基肥施氮、磷、钾复合肥15～20公斤，拔节期追施尿素20～25公斤。（辽宁　孔祥林）

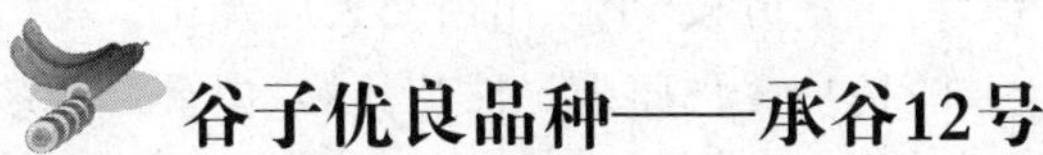

谷子优良品种——承谷12号

“承谷12号”是承德市农业科学研究所选育的高产、优质、抗病、抗倒、适应性广的谷子优良品种。2004年通过了国家鉴定。

该品种幼苗浅紫色，株高140厘米左右，叶片浓绿色，根系发达，茎秆坚韧，抗倒伏。穗纺锤形，穗较紧，穗长22～25厘米，穗重20克左右，穗粒重15克左右，出谷率80%左右，千粒重3克左右。成熟时青枝绿叶，熟相好，谷粒浅黄色，米黄色，米质优良，有光泽。在河北省春播，全生育期120天左右。抗倒伏，抗白发病、黑穗病，病毒病、纹枯病发病轻。适宜在河北省春播区以及辽宁、山西、陕西、内蒙古、宁夏等省（区）无霜期在140天左右地区推广种植。（河北　栾素荣）

优质小杂粮——英国红芸豆

一、特征特性

“英国红芸豆”属一年生豆科草本植物，茎呈直立形，株高一般40～50厘米，主茎分枝6个，出苗35天后开花，花为白色，豆荚呈长形，一般长12～15厘米，株荚数8～12个，最多可达30多个，荚内有籽粒5～8粒，籽粒红色、肾形，百粒重48克，属早熟品种，在陕北生育期90～100天，适应性强，丰产性好，试验区内平均单株产量22.2～33.3克，示范田每亩产量230～316公斤。

二、栽培技术要点

1.整地施肥：应选择土壤质地松软的地块种植，前茬作物以糜子、谷子和玉米较好，不选前茬作物是豆科作物的地块和迎茬地。在耕翻前一次性施足底肥，旱地每亩施农家肥1500公斤、碳酸氢铵和过磷酸钙各30公斤；水地每亩施农家肥2000公斤、碳酸氢铵和过磷酸钙各50公斤。耕翻后进行耙耱收墒，做到田间无明暗土块和根茬，土壤上虚下实，地块平整。

2.种子准备：播前进行人工精选种子，要求种子纯度和发芽率都达到98%以上，然后在日光下晒2天。播种时每100公斤种子拌50%多菌灵可湿性粉剂300～400克，以防治根腐病。

3.适期播种：根据英国红芸豆生育期要求和当年来霜迟早，确定适当的播种时间。陕北长城沿线风沙区，播种时间一般在6月上旬，播种深度为3～5厘米，播种可采用穴播或条播。穴播，水地每亩6000穴，旱地5000穴，每穴留2苗；条播，水地每亩12000株，旱地8000～10000株。（陕西　张志清）

薏苡优良品种——薄壳红衣

“薄壳红衣”薏苡果实卵形，外壳薄，黑色或浅褐色，出米率65%，内种皮浅红色或淡黄色，茎秆粗壮，抗倒伏能力强，分蘖多。种子顶端有一暗棕色花柱，基部微凹，千粒重132克，产量高，商品性好，是带壳出口日本和韩国的优良中熟薏苡品种，适宜大面积推广种植。该品种用种量少，一般每亩用种量为2~3公斤，机播机收，耐粗放管理。（山东　李洪军）

优质青稞新品种——甘青5号

一、特征特性

“甘青5号”青稞属春性，生育期103~128天，中熟类型。幼苗直立，苗期生长旺盛，叶绿色；株型紧凑，叶耳紫色；株高99.75厘米，全抽穗习性，穗脖半弯，植株生长整齐；穗长方形、四棱，小穗密度稀；长齿芒，窄护颖，穗长5.98~7.38厘米，穗粒数41.82~46.28粒，籽粒黄色、椭圆形，角质，饱满，千粒重42.75~46.74克。籽粒粗蛋白含量12.37%，粗淀粉含量63.19%，粗脂肪含量1.73%，赖氨酸含量0.428%，灰分含量1.87%，可溶性糖含量2.06%。一般每亩产量为237~352公斤。

甘青5号茎秆坚韧、粗细中等，次生根多，抗倒性强，成熟后期口紧，落黄好，耐寒、耐旱，较抗条纹病。适宜在海拔

2400～3200米的青稞种植区推广种植，特别适宜在甘肃省的甘南藏族自治州合作市、卓尼县、临潭县等地种植。

二、栽培技术要点

1.选茬：种植青稞最忌小麦茬和青稞重茬，最适宜的前茬应为马铃薯、油菜、豆类茬和轮歇地。

2.科学施肥、施足底肥：每亩用有机肥2000～3000公斤、磷酸二铵7.5公斤、尿素5公斤作底肥一次性施入。缺少有机肥的地方，每亩施磷酸二铵12.5～15公斤、尿素10公斤，氮磷比以1：（0.9～1.1）为宜。

3.适期播种：在海拔2400～3200米的青稞种植区，适宜播期为3月下旬至4月中旬。

4.合理密植：每亩播种量为15.6～18公斤。（甘肃　杨栋　刘梅金）

优质春蚕豆新品种“临蚕7号”

“临蚕7号”是甘肃省临夏州农科所选育的优质、丰产、适应性广、耐根腐病的春蚕豆新品种，2008年12月通过甘肃省农作物品种认定委员会认定。

一、特征特性

临蚕7号属中熟大粒品种，春性强，生育期120天左右，株高140厘米，有效分枝1～3个，茎粗1厘米，幼茎绿色，叶片椭圆形、浅绿色，花浅紫色；始荚高度25厘米，结荚集中在中下部，荚上举，单株荚数10～18个，每荚2～3粒，单株粒数20～40粒，荚长11厘米、宽2.1厘米；粒长2.3厘米、宽1.65厘米，百粒重186.9克。籽粒饱满整齐，种皮乳白色，种脐黑色。籽粒蛋白质含量29.04%，赖氨酸含量1.81%，淀粉含量42.7%，单宁含量0.59%。耐根腐病，喜肥水。

二、栽培技术要点

1.适期早播：一般以在3月上旬播种为宜，当土壤解冻10厘米左右时可顶凌播种，有利于多荚大粒形成。

2.合理密植：在甘肃的川源灌区每亩保苗1.1万株，播种量为每亩18～20公斤；山阴地区每亩保苗1.2万～1.3万株，播种量为每亩22公斤。采用宽窄行种植。（甘肃　郭延平　杨生华）

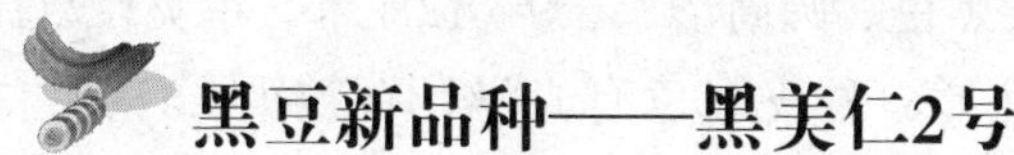

黑豆新品种——黑美仁2号

“黑美仁2号”黑豆生育期为120天。植株粗壮，长势健壮，株高65～75厘米，分枝6条以上，叶片深绿色。单株结荚90个左右，每荚有籽2～3粒，籽粒呈卵圆形，种皮墨黑发亮、有光泽，仁黄色，百粒重20.3克。结荚期较长，不早衰。籽粒蛋白质含量42.2%，粗脂肪含量18.2%，总淀粉含量14.17%。

该品种抗逆性较强，根系极发达，抗倒伏，抗病毒病、叶斑病及白粉病，成熟时落叶性好、不裂荚。每亩产200公斤。适宜在辽宁西北部地区种植，内蒙古、吉林等地可引种试种。（辽宁　陈立军）

高产早熟绿豆新品种“冀绿7号”

“冀绿7号”绿豆于2007年1月通过河北省科学技术厅鉴定。

一、特征特性

该品种为早熟品种，夏播生育期63～67天，春播生育期75天左右；株型紧凑，直立生长，株高夏播55厘米左右、春播50厘米左右；主茎分枝数3～4个，主茎节数8～9节；单株结荚20～50个，成熟荚黑色、圆筒形、长9～12厘米，单荚粒数10～12粒；籽粒长圆柱形，种皮绿色有光泽，百粒重6.8克左右，籽粒较大。籽粒粗蛋白含量20.8%，粗淀粉含量45.49%。结荚集中，成熟一致，不炸荚，适于一次性收获。抗病毒病、根腐病和锈病，适宜在北京、天津、河北、山东、河南、辽宁、吉林、黑龙江、内蒙古等夏播区和春播区种植。

二、栽培技术要点

1.适宜播期：春播适宜播期为4月下旬至5月中旬，夏播为6月10日～30日，作为救荒补种作物，夏播最晚播期可持续到7月10日。

2.合理密植：视耕地土壤肥力而定，中高水肥地块每亩保苗1万～1.2万株，瘠薄旱地保苗1.3万～1.5万株。

3.肥水管理：足墒播种，播深3～5厘米，苗期不旱不浇水，盛花期视墒情可浇水1次。中等肥力以上的地块一般不需施肥，中低产的瘠薄地块可每亩施用磷酸二胺10公斤作底肥，初花期追施尿素5公斤。（河北　范保杰　刘长友）

介绍三个紫心甘薯品种

1.宁紫薯1号。顶叶绿色带紫边，叶脉绿色，叶片心脏形，长蔓型，单株分枝6～8个。薯块长纺锤形，薯皮紫红色，薯肉紫色，干物质率27.2%，可溶性糖含量5.6%，花青素含量22.4毫克/100克，烘烤熟食品质优良。

该品种排种后出苗早，萌芽性好，排种量以20公斤/平方米左右为宜。单株结薯5个左右。每亩春栽密度为3300～3500株、夏栽密度为3500～3800株，适宜在中等肥力以上的田块种植，在丘陵薄地上种植应施足基肥。

2.烟紫薯2号。烟台市农业科学研究院选育的甘薯新品种，2009年通过了国家甘薯鉴定委员会鉴定。萌芽性一般，中长蔓，分枝数8～9个。结薯较整齐集中，单株结薯2～8个，大中薯率一般，薯块长纺锤形，皮紫红色，肉紫色，耐储性好。薯块品质优良，烘干率为31.6%，干基粗蛋白质含量8.23%，熟食味中等。紫色素含量高，每100克鲜薯紫色素含量为37.2毫克，为色素加工型紫甘薯品种。抗旱、耐瘠性好，综合抗病性较好。每亩产鲜薯1825公斤（薯干565公斤）。由于其富含紫色素，因此价格是普通甘薯的2倍，种植效益显著。

3.宁海紫。利用从浙江省农科院引进的甘薯品种培育而成的富硒紫甘薯品种。每公斤鲜薯淀粉含量为160～180克、维生素C含量为333.4毫克、钙含量为238毫克、铁含量为27.5毫克、有机硒含量达0.18毫克以上、花青素含量达200毫克，是优良的保健食品。（浙江　柴振炼）

两个适宜夏秋播种的苦瓜良种

1.美国绿。是美国最新育成的苦瓜杂交种。瓜长30～40厘米、粗6厘米左右，单瓜重500克左右，瓜圆筒形、丰满、顺直，刺瘤排列整齐，瓜肉厚，口感好，瓜皮翠绿色，光泽鲜亮。植株长势强，连续坐瓜能力强，产量高，是鲜食加工、蔬菜外运的优良品种，适宜6月播种小拱棚栽培，或9月播种大棚栽培。

2.新农村。瓜圆筒形、丰满、顺直，光泽度好，品质好，售价高。坐瓜率高，几乎节节有瓜，产量高。抗病性强，适宜6月播种小拱棚栽培，或9月播种大棚栽培。（山东　郑洪有）

地方特色蔬菜品种——商丘妞瓜

“商丘妞瓜”是河南省商丘市特有的传统品种，具有300多年的栽培历史。妞瓜一般春季露地栽培，不搭架，单株留2～3条子蔓，每条子蔓留2个瓜，单株结瓜4～6个，单瓜重1.0～1.5公斤，每亩产量可达4000～5000公斤。果实椭圆形，果皮青绿色，微有肋沟，外形美观，果肉丰厚，营养丰富，含水量适中，是商丘古宋牌名菜酱包瓜的主要原料。成熟的妞瓜通过清洗—切盖—掏瓤—装料（装入酱制好的花生仁、杏仁、苤蓝、陈皮、姜丝等十几种小菜）—捆扎—酱渍等工艺腌制成酱包瓜，其成品外形美观，油光发亮，呈酱褐色。食用时每瓜切2～3刀，呈荷花瓣形摊放盘中，瓜心如花心，酱褐、金黄、墨绿几种颜色交相辉映，各味俱全，深受消费者喜爱。同时，妞瓜也是制作八宝菜、甜酱瓜的上佳材料，并可凉拌、炒食、做汤等。妞瓜生命力较强，可以在不同土质的地块种植，产量高，经济效益好，是当地菜农增收的较佳经济作物之一。（河南　祝洪海）

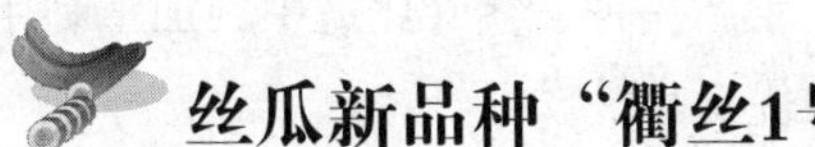

丝瓜新品种“衢丝1号”

“衢丝1号”是浙江省衢州市农科所与常山县农作站选育的中早熟丝瓜新品种，具有产量高、熟期早、品质优、适应性广等特点，2007年2月通过浙江省非主要农作物认定委员会认定。

该品种中早熟，设施栽培从播种至始收需85～90天，采收期长。植株生长旺盛，分枝力强，掌状裂叶，第1雌花着生于主蔓8～11节，以后每节均着生雌花，侧蔓雌花着生率在80%以上，主侧蔓连续结瓜力强，前期产量高。瓜条长棒形，瓜长37.5厘米、直径3.8厘米，单瓜重0.3公斤左右，粗细一致，瓜皮绿色，皮薄，肉质细嫩致密，品质好，商品性好。耐低温、耐热、耐涝性强，很少发生病毒病，较耐霜霉病，适合早春设施栽培和露地栽培。一般每亩产量在3000公斤以上，最高达4500公斤。（浙江　陈润兴）

小菘菜加工品种——慈菘1号

“慈菘1号”是慈溪市农业技术推广中心和南京农业大学园艺学院选育的小菘菜新品种，茎叶比适中，加工利用率高，是一个适合速冻加工的优良品种。

1.特征特性

植株生长势强，叶片生长快速、整齐优美。株高46.3厘米左右，开展度48.5厘米×44厘米，单株功能叶10.2片，单株重95.1克。叶片长约26.3厘米、宽约18.2厘米，叶柄长约25.4厘米、宽约1.33厘米、厚约0.71厘米，茎叶比5.5：4.5。叶片深绿色，叶柄浅绿色，叶面光滑、厚实，食之无纤维，硝酸盐含量低，加工性状优良。对霜霉病和白斑病的抗性强，每亩产量3000公斤，适宜春、秋季种植。

2.栽培要点

露地条件下，春季栽培于2月下旬至3月上旬播种，4月下旬至5月上旬收获；秋季栽培于9月播种，11月收获；越冬栽培于10月下旬至11月上旬播种，翌年3月收获。

播种前1天浇足底墒水，用4.5%氯氰菊酯乳油1500～2000倍液喷洒畦面。每亩播种量300～400克，以均匀撒播或条播为主，条播行距12～15厘米、深1～2厘米。播种后适当覆盖细土镇压。（浙江　许映君　侯喜林　陈纪算）

苗球兼用型大白菜新品种——早熟8号

“早熟8号”大白菜2008年2月通过浙江省非主要农作物品种认定委员会认定。

1.特征特性

作结球白菜栽培，早熟，生长期55～60天；外叶绿色，叶柄白色，叶面无毛；叶球矮桩叠抱、白色，单株净重1.0～1.5公斤，每亩净菜产量3000～4000公斤，净菜率70%左右。作小白菜栽培生长迅速，30天左右就可以采收上市。对霜霉病、病毒病及软腐病的抗性强，适应性广，商品性好，口感品质佳，适宜浙江省及类似气候地区种植。

2.栽培技术要点

作结球白菜栽培，浙江省以8月中旬～9月上中旬播种为宜，畦（连沟）宽1.2～1.5米，种两行，行距50厘米、株距35厘米，每亩种植3000株左右。作小白菜栽培，浙江省3月～11月均可播种，撒播，逐步间苗，株距10～15厘米，施肥以氮肥为主，一般30天左右采收。（浙江　胡齐赞）

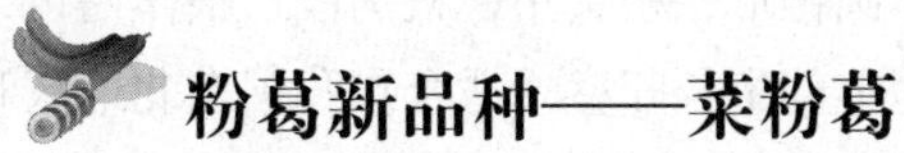

粉葛新品种——菜粉葛

菜粉葛为多年生落叶藤本豆科葛属植物。植株全部密生棕色茸毛，茎基部粗大，能长出多条有节藤蔓，藤蔓多分枝，长达数米。茎节短，触地生根，根系发达。叶互生、三出复叶，叶片大而较圆。块根粗短，皮薄光滑，外观漂亮，肉白、纤维少，口感粉、沙、甜、糯，具葛根特有的清香味，可粮可果可蔬。营养丰富，含多种人体必需氨基酸和微量元素，所含葛根素和葛根异黄酮有防治“三高”、心血管病、癌症等以及抗衰老、护肝、解酒、美容润肤的功效。

菜粉葛适应性广，对土壤要求不严，在大田、旱地、山地、荒坡、边角闲散地和庭院均可栽培，并能生长良好。综合抗性强，耐寒、耐热、耐旱，抗病虫，易栽培，好管理。全生育期260天左右，单株结块根3～5个，当年采挖，产量高，每亩产量在6000公斤以上。（江西　华全生）

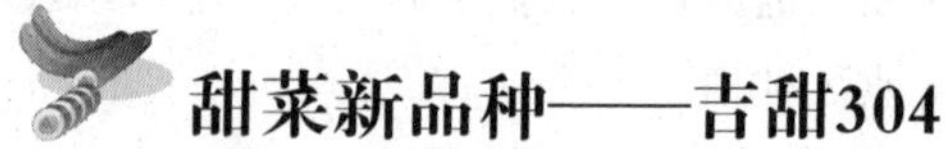

甜菜新品种——吉甜304

“吉甜304”甜菜2006年2月通过国家甜菜品种委员会鉴定。

吉甜304属标准兼高糖型普通多倍体品种，种子发芽势强，出苗齐全、健壮，中后期长势旺盛，抗病性强，抗逆性强，根形成能力强，产量稳定，含糖率高。种子千粒重为28～32克。

该品种叶丛斜立，株高55厘米左右，叶柄粗壮，叶片肥大、浓绿色。根体圆锥形，根头小，根沟浅，根体白色，肉质细致。整个生育期地上部生长旺盛。适合在我国东北地区和西北地区旱区肥力中等地块种植，在肥水充足条件下栽培增产、增糖效果更好。（吉林　卞桂杰）

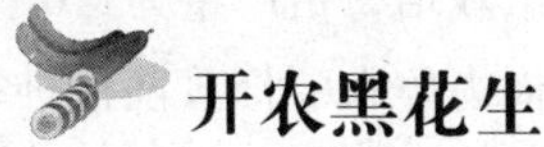

开农黑花生

“开农黑花生”属高产早熟高油保健型花生品种，口感细腻，适口性好，适于榨油和鲜食。

该品种株形直立疏枝，连续开花，叶色浅绿、椭圆形。株高40.3厘米，有效分枝6.1个，单株荚果数14.1个、成熟双仁果数9.43个、果仁重25克。普通大果型，种皮黑色，百果重275.7克，百仁重98.1克，出仁率68.73%。全生育期115天左右。籽粒脂肪含量55.02%，蛋白质含量23.32%。高抗叶斑病和锈病。每亩产量在250公斤以上。（河南　李军华）

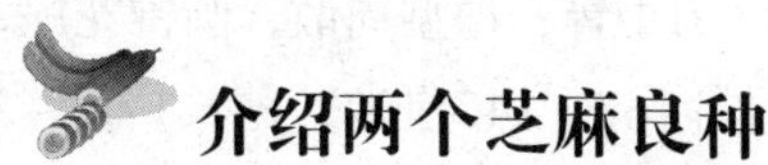

介绍两个芝麻良种

1.仁芝99。单行秆型。株高在170厘米以上，栽培条件较好时可达2米以上。株型紧凑，生长势强，整齐度好，茎秆粗壮，根系发达。种皮纯白色，蒴果不炸裂，千粒重3.2克左右，含油率56.67%。一般单株结蒴果120个左右，最多可达170多个，一般每亩产量160公斤左右。抗倒，耐渍，抗病性特强，夏播生育期90天左右。

2.风芝2005。单秆中早熟品种，生育期85～90天。株高160～170厘米，叶腋三花，花白色。蒴果四棱、长4.5～5厘米。单株蒴果数90个左右，每蒴粒数80粒左右，千粒重2.6～2.8克。

种皮洁白，色泽好，商品性佳。抗病、耐渍，丰产、稳产性能好，在河南省驻马店市栽培每亩产量为110～120公斤。

栽培要点：①夏播力争在6月5日前播种结束；②全量配方施肥，底施或于初花前早施三元复合肥35～50公斤；③合理密植，每亩保苗1万～1.2万株；④适时收获，小捆晾晒，以确保品质。每亩用种量400克。（河南　安斤）

旱地优质裸燕麦新品种——定莜5号

"定莜5号"裸燕麦于2008年通过甘肃省品种审定。

1.植物学特征

从出苗至成熟96～105天，属春性，幼苗绿色，呈直立状，出苗率极高，分蘖力中等；穗型周散，圆锥花序，内外颖黄色，轮层数5～6层，株高67～142厘米，穗长17.3～25.4厘米，小穗数11～25.4个，穗粒数41～70.9粒，穗粒重0.75～1.39克，千粒重17.5～26.4克，容重614克/升，籽粒淡黄色、长卵形。丰产性能好，较稳产。

2.熟性及抗性

在甘肃定西及周边地区4月上旬播种，4月中下旬出苗，6月下旬至7月上旬抽穗，7月下旬至8月上旬成熟。中熟，抗旱性极强，适应性广，较抗倒伏，抗坚黑穗病、红叶病。

3.品质

根据甘肃省农科院测试室分析，定莜5号籽粒含蛋白质19.6%、赖氨酸0.81%、粗脂肪7.32%（其中亚油酸含量37.37%）、灰分2.22%，是一个优质小杂粮新品种，适合加工各种燕麦食品。

4.适宜种植区域

定莜5号适宜在年降雨量340～500毫米、海拔1600～2400米、≥10℃有效积温1980℃左右的干旱及半干旱地区种植，特别适宜于海拔2000～2400米的陇中，陇东的安定、通渭、陇西、会宁、静宁、庄浪等地及同类地区种植。（甘肃　王景才）

推介几个特色花菜精品

1.台松65天

早中熟品种。生长快速，株形大，耐热、耐湿。结球期适温16～26℃，单球重1～2公斤，秋种定植后65～75天、春种定植后50天可采收，为新育成的优秀青梗杂交花菜品种。花菜品质佳，球形扁平美观，花球雪白松大，蕾枝浅，青梗，肉质柔软，甜脆好吃。高海拔地区一般早夏与早秋采收，冷凉地区夏季采收。

2.台松100天

中晚熟品种。耐寒，抗病，生长势强，适应性广。株形整齐，花球雪白美观，松大形，蕾枝浅，青梗，甜脆好吃，品质极佳。单球重1～2公斤，高产，是秋延后种植、冬春上市的优良品种。秋种定植后90～100天、春种定植后70天采收，结球期适温11～22℃。高垄深沟、施足基肥种植，气温在-2℃下花球易受冻害，应及时摘叶护球。

3.神良金色花菜

从定植到采收约需70天，单球重700克，为特色花菜新品种。叶片长，生长快，抗病性强，适应性广。花球端正、黄金色，商品性佳，为胡萝卜素含量高的保健蔬菜，适合拌沙拉生吃，是西式餐厅及高级宾馆消费的名贵蔬菜。其栽培技术与一般花菜品种相同。结球期与采收期适宜气温为15～18℃。

4.绿冠309西兰花

利用细胞质雄性不育系育成的最新西兰花一代杂交种，中晚熟进口品种。成熟整齐，适应性广，抗病性强，球形美观，商品价值高。植株少侧枝，无空茎，茎秆长，花枝粗实，花蕾紧实，花粒细小、深绿色，呈扁圆球形，单球重约800克，高产质优，定植后80～85天收获。是鲜菜出口加工和基地专业种植的优选品种。（浙江　邵泰良）

红皮黄肉马铃薯新品种——青薯9号

“青薯9号”马铃薯2006年12月通过青海省农作物品种审定委员会审定。

1.特征特性

青薯9号属中晚熟品种，生育期从出苗到成熟120天左右。株高97厘米，茎紫色，横断面三棱形，分枝多，粗壮，中后期生长势强。叶较大、深绿色，茸毛较多，叶缘平展。聚伞花序，花冠浅红色，天然结实弱。块茎长椭圆形，表皮红色，有网纹，薯肉黄色，芽眼较浅，结薯集中，较整齐，商品率高。休眠期较长，耐储藏。平均单株结薯8.6个，单株产量945克左右，单薯平均重约117克。鲜薯淀粉含量19.76%，干物质含量25.72%，维生素C含量23.03毫克/100克，还原糖含量0.253%。块茎鲜食品质好，适宜加工全粉。植株生长整齐，长势强，丰产性好，抗旱性强，综合农艺性状优良。高抗晚疫病，抗病毒病。

2.栽培要点

选择中等以上地力、通气良好的土壤种植。4月中旬至5月上旬播种，采用起垄等行距种植或等行距平种，播深8～12厘米。每亩播种量130～150公斤。行距70～80厘米、株距25～30厘米，密度为每亩3200～3700株。苗齐后，结合除草松土进行第1次中耕培土，培土厚度3～4厘米；现蕾初期进行第二次培土，厚度达到8厘米以上，并追施氮肥。生育期浇水2～3次。开花期喷施磷酸二氢钾1～2次。（青海　蒋福祯　王舰）

杂交西芹优良品种——天皇

一、特征特性

该品种具有生长速度快、长势旺盛、株型紧凑、色泽黄亮等特点。株高80厘米左右，叶色绿黄，叶柄肥大宽厚、腹沟较浅，基部宽4～5厘米，第一节间长约35厘米，叶柄抱合紧凑，品质脆嫩，纤维极少。耐寒、耐热性强，适宜冬春季保护地及春秋季露地栽培。抗枯萎病，对缺硼症抗性较强。定植后80天即可收获，单株重可达1.5～2公斤，每亩产10000公斤以上。

二、栽培技术要点

1.栽培地宜选择有机质丰富、土质疏松、保水保肥能力强的地块。

2.定植密度为20厘米×20厘米或25厘米×25厘米，定植后应注意微量元素钙、硼的补充，并做好病虫害的防治。（陕西　闫永信）

黑糯玉米品种——广糯2号

“广糯2号”玉米是广东省农业科学院蔬菜研究所育成的黑糯玉米单交种，果穗圆筒形，穗长20厘米、粗4.5厘米，穗行数14～16行，籽粒紫黑色，单穗重300～400克，每亩产量1000公斤左右，口感好，糯性强，株型半紧凑，株高1.8～2.0米，穗位高65厘米。中早熟，从播种至采收，华南地区春植70～75天、秋植65～75天。（广东　徐勋志）

丽江花魔芋

丽江花魔芋为天南星科多年生草本半阴性植物，是丽江特有的优质魔芋品种，富含葡甘露聚糖、淀粉、生物碱及其他衍生物，在工业、食品、医药上有广泛的利用价值和开发价值。该品种全生育期210～240天，具有产量高、抗病能力强、出粉率高、质地白、黏度大等特点，经检测，其黏度达43750厘帕，远远高于行业标准规定的22000厘帕。（云南　芮文）

子莲新品种——十里荷一号

一、特征特性

“十里荷一号”子莲植株长势旺，花期长达102天以上，从现蕾到开花的时间为10～20天，花蕾长卵形，莲蓬呈扁平状，直径10～15厘米、厚（高）5～8厘米，单朵花开放持续时间3～4天，谢花后到果实成熟（采摘）为12～18天，花瓣数15片左右，花为粉红色。平均每蓬实粒数为19.8粒，百粒重100.5克，结子率90%。熟期早，6月底7月初就开始采收莲蓬。植株较矮，平均荷梗高1.48米，平均荷叶直径0.63米，耐肥抗风力强，是典型的高产子莲长相。莲子颗粒中等，每500克莲子约485粒。

地下茎（藕鞭）节数35个左右，最多可达100个左右，而且每个节上长一立叶开一朵花，花蕾的高度比荷叶高。节上发根性较强，有须根数百条，地下茎和须根生长前期均为白色，后逐步转为褐色。

二、栽培技术要点

1.莲田选择：莲田应选择有灌溉条件、阳光充足、土层深厚、肥力中上等的水田，土质以壤土、黏壤土、黏土为宜，土壤pH值以6.5～7.0为好。瘠薄沙土田、常年冷浸田、锈水田不宜种植。

2.移栽：当地气温稳定在12℃以上即可移栽，一般4月上旬为移栽适期，要抓住“冷尾暖头”天气移栽，每亩种植120～150株藕种。（浙江　柳红芳）

杂交一代绿芦笋新品种——绿塔

“绿塔”是从日本引进的杂交一代芦笋品种，是芦笋生产区种植户改良芦笋品质、增加收益的主要品种之一。

该品种植株前期长势中等，成年期生长势强，嫩茎发生率高且长势旺盛，第一分枝高度在50厘米左右。绿塔芦笋商品性好，嫩茎浓绿色、肥大、整齐、微甜、质地细嫩、纤维含量少，笋尖鳞片抱合紧密，鳞片部很少出现花青素，中粗类型，一、二级笋比例可达80%。在高温下散头率较低，抗病能力较强，不易染病，高抗叶枯病、锈病，对根腐病、茎枯病有较强的耐病性。大棚、露地皆适宜种植，第1年每亩产量达500～1000公斤，进入盛产期每亩产量在1500公斤以上。特别适宜加工出口。（上海 陈泉生）

秀珍菇新品种“农秀1号”

“农秀1号”是浙江省农业科学院园艺研究所选育的秀珍菇新品种。2008年通过浙江省非主要农作物品种认定。

1.特征特性： 子实体单生或丛生，菌盖扇形，基部不下凹，商品菇柄长3～6厘米、粗0.7～1厘米，菇盖表面光滑，厚度中等，中部一般厚0.6厘米，白色或灰白色。菌褶密集延生、白色，狭窄，不等长，髓部近缠绕型；菌柄白色，多数侧生，上粗下细，基部少茸毛。菌丝生长温度10～35℃，最适25～28℃。出菇温度10～30℃，最适18～22℃，经冷库低温刺激处理可以在夏季高温期（35℃左右）出菇。幼菇颜色较深。菇柄白色、粗长，菇盖厚实，不易破碎，商品性好。出菇密度中等，菇形秀美。不易吐黄水，抗黄枯病能力较强。回潮期稍长，从接种到头潮菇采收一般需50～60天。适宜安排在3月中旬至4月底反季节栽培。

2.培养料配制：反季节栽培秀珍菇的配方：①棉籽壳36%，木屑36%，麸皮20%，玉米粉5%，石膏粉1.5%，石灰1.5%。②棉籽壳25%，杂木屑46%，麸皮20%，玉米粉5%，石膏粉2%，石灰2%。③玉米芯25%，杂木屑55%，麸皮10%，玉米粉7%，石膏粉1.5%，石灰1.5%。高温季节培养料容易引起酸化而阻碍菌丝的生长，因此培养料中可适当提高石膏、石灰的用量，同时含水量控制在60%左右。（浙江　毛小伟　戴秀爱）

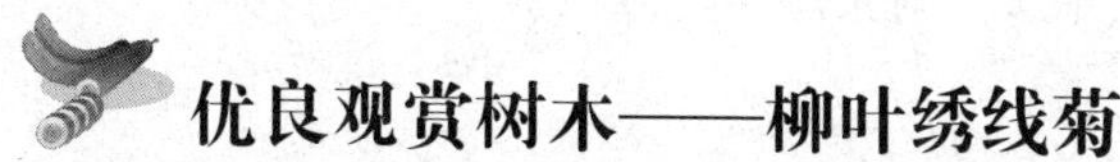

优良观赏树木——柳叶绣线菊

柳叶绣线菊，别名空心柳，蔷薇科绣线菊属，是东北地区稀疏针叶林、针阔混交林下珍贵的夏、秋花灌木树种。

一、植物学特征

落叶直立灌木，株高1～2米；小枝稍有棱角、黄褐色；单叶互生，叶矩圆状披针形至披针形，长4～8厘米、宽1～2.5厘米，直径3～5厘米，先端突尖或渐尖，边缘具锐锯齿；花两性，长圆形或金字塔形，长6～13厘米，直径3～5厘米，生枝顶，花密集，花径4～8毫米，花瓣5枚，白色、粉红色或红色；花期6～8月，果期8～9月。

二、生物学特性

喜光树种，稍耐庇荫，耐旱，耐瘠薄，抗寒性强，对土壤要求不严，喜肥沃土壤。主要生于河岸、湿草地、道旁、河谷、林缘、沼泽地，形成密集的灌丛，也常为稀疏针叶林、针阔混交林下灌木。

柳叶绣线菊分布广泛，适应性很强，东北三省以及内蒙古、新疆、河北等地均有分布。

三、园林应用

柳叶绣线菊枝叶纤细，花朵繁茂，花色洁白秀丽，盛开时枝条全部被细密的花朵覆盖，形成一条条拱形的花带，宛如积雪。宜在林缘、庭院、池旁、路旁、花坛、草地、水边等处丛植或孤植，也可列植路边，形成花篱。柳叶绣线菊是夏、秋季开花树种，既可弥补大部分观赏树种秋季有叶无花的缺陷，又可作为蜜源植物，根、枝皮及嫩叶还可入药，是北方优良的观赏绿化树种。（黑龙江　刘东海　吴维国）

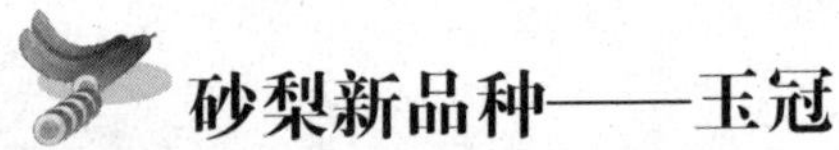

砂梨新品种——玉冠

一、特征特性

“玉冠”梨树势健壮，树姿较直立，枝条上无针刺，叶片卵圆形。每个花序平均5～8朵花，多者达12～13朵。蕾期花瓣白色，边缘粉红色；盛花时花瓣全白，圆形，5～6个花瓣，边缘重叠。柱头与花药等高，花药浅紫红色，花粉量较多，花柱4～6枚，雄蕊20～29枚。果实近圆形，果皮浅褐色，果点中大、较密，无果锈，萼片宿存，个别脱落。果肉白色，石细胞较少，肉质松脆、化渣、味甜、汁多，可溶性固形物含量在12%以上。果实大小均匀，单果重在300克以上。

在浙江省杭州市，该品种3月中下旬开花，8月中旬果实成熟，果实发育期130天左右，11月下旬落叶。

二、栽培技术要点

1.计划密植。该品种树势强，花芽极易形成，长、中、短果枝结果性能均好，坐果率高。为使新果园获得较高的早期产量，种植时可先密后疏，开始种植密度可选择2米×4米、2米×3米、1米×4米等密植方法，成龄后，根据封行情况进行疏移，使种植密度逐渐变成4米×4米或3米×4米。

2.加强肥水管理。该品种为大果型品种且丰产，适当增加施肥量可维持较高的产量。秋冬季施足基肥，谢花后50天左右，在果实膨大期施速效肥，并结合病虫防治喷施0.2%的磷酸二氢钾液，以促进果实膨大。

3.合理配置授粉树。该品种自花结实率低，因此必须配置适宜的授粉树，可选择“翠冠”、“清香”等作为授粉树品种，一般条件下可按25%~30%的比例配置授粉树品种。

4.整形修剪。该品种树势强健，树姿稍开张，枝梢粗壮，花芽极易形成。因此，幼龄树需采用疏枝与拉枝相结合的整形修剪方法，这样既可促使树冠的快速形成，又可获得较高的早期产量；成龄树可采用长放与短截相结合的方法，可充分利用长果枝与短果枝结果。

三、应用前景

玉冠梨果形大、品质好，皮色一致，套袋栽培后外观更佳。该品种成熟期在“翠冠”之后、“黄花”之前，且综合性状良好，可作为南方中熟褐皮梨品种进行规模推广。（浙江　戴美松）

优质抗病草莓新品种——石莓5号

“石莓5号”草莓2007年8月通过河北省科学技术厅组织的成果鉴定。

1.特征特性

植株长势强，较直立。三出或四出复叶，叶深绿色，光泽强，叶片厚、椭圆形，叶缘锯齿深。每株有花序5～8个，低于叶面，较直立，分枝较低。每个花序有7～13朵花，花萼单层，萼片大，平贴或翻卷，萼径5.3厘米，萼心凹，去萼易，花瓣单层、白色，花径4.0厘米，两性花。匍匐茎红绿色、较粗，每株抽生匍匐茎10～17根，能2次抽生。根系较发达，每株有须根50～70条。果实圆锥形或扁圆锥形，一级序果平均单果重38.8克，二级序果平均单果重25.3克，最大果重67克，平均单株产量383.2克。果面较平整、鲜红色、有光泽、着色均匀，稍有果颈，无裂果。果肉红色，质地密。果汁中等多、红色。果实风味酸甜，香气浓，可溶性固形物含量8.83%，果实综合阻力0.525公斤/平方厘米，果实弹力0.906公斤/平方厘米，硬度大，耐储运性好，适宜鲜食及加工。叶斑病病情指数为17.79，白粉病病情指数为0.43，表现为抗叶斑病和高抗白粉病。5℃以下低温300小时即可打破休眠。

在河北省石家庄地区，露地栽培3月上旬萌芽，3月下旬显蕾，4月上旬开花，5月初成熟，果实发育期28天左右，匍匐茎4月上中旬发生。

2.栽培技术要点

石莓5号在我国大部分地区均可栽培。定植不宜过密，露地每亩栽0.7万～1万株，保护地每亩栽0.9万～1万株。肥水需求量较大，应施足基肥且以有机肥为主，适量增施钙肥。加强地下害虫的防治。（河北　李莉）

适合鲜榨果汁的甜橙品种——武夷橙

“武夷橙”是福建省南平市农科所选育的适于加工橙汁的优良甜橙品种。

一、特征特性

树冠呈自然半圆形，开张，树势强，树干光滑。叶片长椭圆形、浓绿色，叶片平整而薄。花中大，白色，总状花序或单生。果实扁圆形，单果重125～147.5克，纵径4.9～5.67厘米、横径6.09～6.71厘米；果皮橙黄色，光滑鲜艳；皮薄0.2厘米，难剥；汁液丰富，肉质脆甜，带微酸，香味浓郁，渣少，可食率76.55%～82.16%，11月下旬采收的果实可溶性固形物含量在13%以上，品质中上；种子以卵圆形为主，多胚；出汁率高（52.8%），风味浓、甜酸适口，汁色橙黄鲜艳，制汁品质优良。

二、栽培技术要点

1.突出疏删修剪。修剪时要以疏删为主，少用或不用短截修剪。修剪时把结过果的枝梢段剪除。疏删修剪可在采果后进行，愈早愈好。

2.注意疏花疏果。在第2次生理落果后疏去过密果和弱小果，使果实分布均匀，以提高整齐度。

3.及时防治树脂病。（福建　邹荣春　林昇平）

四倍体哈密瓜新品种“秀蓉”

“秀蓉”哈密瓜2002年通过了新疆维吾尔自治区农作物品种审定委员会审定。

该品种植株生长势强，叶片深绿色，全生育期90～95天，单瓜发育天数45～50天。瓜卵圆形，表面青绿色，上覆细密网纹，瓤肉橘红色，腔小，瓜肉厚，可食率较高，中心糖含量16%左右，风味品质佳，耐储运，瓜整齐度好，商品率高。植株抗逆性及耐病性均较原二倍体哈密瓜品种强，双蔓整枝，每株通常留1～2瓜，单瓜重1.5～2公斤，每亩产量2000～2300公斤。地膜覆盖直播，株行距45厘米×3.5米，每亩保苗500株左右。早熟栽培瓜苗期棚内最佳温度为30℃左右，最高不要超过35℃，夜间以保持在10～15℃为好。（新疆　童莉）

介绍两个甜瓜优良品种

1.明泽大莎白。瓜个大，单瓜重1.5～2公斤。瓜圆形，瓜皮红黄色、光滑艳丽，商品性好，含糖量可达17%以上。生长健壮，耐低温弱光，耐潮湿，抗病性、适应性强，果实成熟期30天左右。温室、大棚立架栽培，行株距为80厘米×（40～45）厘米。单蔓整枝，主茎25节打顶，选第13～16节2～3条子蔓留瓜，瓜前留一叶摘心。顶端子蔓备留二次瓜，坐瓜后每株选留1～2个瓜。

2.金尊。全生育期105天左右，从开花到成熟需45天，以保护地栽培为主。瓜皮金黄色，瓜肉浅橘红色，肉质香脆爽口，单瓜重2～3.5公斤，瓜肉厚度约4厘米，糖度16%左右。宜采用育苗移架栽培，每亩种植1500株左右，高畦单行种植，子蔓结瓜最适留瓜位为15～16节，每株留瓜2～3个，23节左右摘心。（山东　李欣元）

早熟、少子西瓜品种——荆杂18

"荆杂18"西瓜早熟，全生育期95天左右。瓜圆形，瓜皮深绿色上覆墨绿色条带，红瓤，肉质细脆，单瓜重5公斤左右。易坐瓜，瓜皮韧，极抗裂，耐储运，平均瓜皮厚1.0厘米左右，中心含糖量12.5%左右。少子，平均单瓜子粒数120粒左右。长势强，抗病耐湿，冷床育苗3月底4月初播种，7月初收获，每亩产3000公斤以上。（湖北　李平）

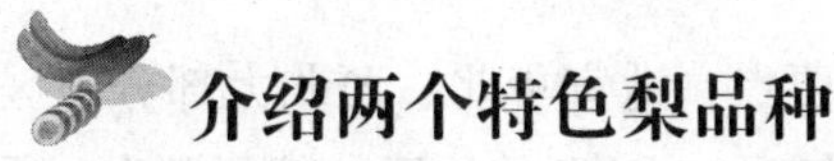

介绍两个特色梨品种

一、地方梨良种"化心梨"

"化心梨"是甘肃静宁古老的地方梨良种，属于秋子梨系列。树势强健，树体高大，树姿开张，寿命长。幼树进入结果期较早，定植后4～5年开始结果，丰产性强，一般大树株产250公斤左右。但若控制不当，则易大小年结果。

化心梨果实扁圆形，中等大小，平均单果重110克，最大250克。初采时果面黄绿色，储藏后变成蜡黄色。果皮厚、富蜡质。经后熟果肉软化，质中粗，汁特多，甜酸适口，芳香浓郁，含可溶性固形物在13%以上。在甘肃静宁，果实于10月上中旬采收。化心梨适宜冷藏，在自然条件下可储藏到次年3月份。树体抗旱、抗寒、适应性强，对梨黑星病、黑斑病抵抗力较强，但易受蟏象危害。

二、梨新品种“晋巴梨”

“晋巴梨”2007年2月通过山西省农作物品种审定委员会审定。

特征特性：果实葫芦形，果实大，平均单果重385克。果皮绿黄色，阳面有红晕，后熟变为黄色。果柄短粗，基部有肉质突起。果肉白色，肉质柔软细腻，入口易溶，石细胞极少，汁多味甜，芳香浓郁，可溶性固形物含量14.2%，还原糖含量12.94%，苹果酸含量0.11%，品质佳。幼树生长旺盛，树势直立，主干生长势强，树冠呈圆锥形，顶端优势明显，枝条直立不开展，结果后枝条逐渐开展。在山西省中部，4月上旬萌芽，4月中旬开花，适宜采收期为8月下旬。果实采收后需经10～15天的后熟期方可食用，后熟期间较耐储运，在室内常温下可保存20天，冷藏可保存3～4个月。

栽培技术要点：适宜华北、西北大部分地区栽培，最适宜区域为年平均气温8～10℃的地区。较耐肥水，需要创造土质疏松、有机质含量高、通气、保肥、保水的良好条件。适宜行株距为4米×3米，需配置授粉树。（山西　孟玉平）

李新品种——红喜梅

“红喜梅”是从国外引进的欧洲李品种中选育出来的李新品种，2005年12月通过陕西省林木品种审定委员会认定。适宜在我国李产区种植。

一、特征特性

果实卵圆形，平均单果重75.0克，最大单果重120.0克；果皮玫瑰红色，果皮厚，半离核；果肉淡黄色，肉质韧而细，纤维少，汁液少，风味极甜，有香气，品质优；可溶性固形物含量18.5%～23.0%，可食率96.7%，冷藏条件下可储藏60天。在陕西省关中地区，果实8月上中旬成熟，无裂果或落果现象，自花结实，丰产。

二、栽培技术要点

1.建园：应选择有灌溉条件、排水良好的沙壤土、黄绵土和垆土栽培，地势低洼、土壤黏重的地块不宜建园。砧木选用山桃或毛桃均可。因该品种结果早、树姿直立，可适当密植，行株距前期以3米×2米为宜，进入盛果期间伐后以4米×3米为宜。

2.整形修剪：树形宜采用纺锤形或自然开心形。苗木定干高度50～60厘米，第1年冬季选3～4条生长健壮、方向适宜的枝条作主枝，主枝延长枝角度保持75°左右，不宜拉枝过平，以防高温季节引起果实日灼，每主枝上留2～3个侧枝，3～4年完成整形。

修剪以缓放为主，疏缩结合，尽量少短截。

3.疏果：第1次疏果在花后10～15天进行，花束状果枝、短果枝留双果，10天后进行第2次疏果，花束状果枝、短果枝全部留1～2个果，果间距5～7厘米。

4.防治病害：萌芽前全园喷3～5波美度石硫合剂1次，5月底至6月初喷洒65%代森锰锌可湿性粉剂500倍液防治细菌性穿孔病，每隔10天喷1次，共喷3～4次。（西北　王长柱）

大果荔枝新品种“桂糯”

“桂糯”荔枝2007年5月通过广西农作物品种审定委员会审定。

1.特征特性

树姿开张，树势健壮，树冠半圆头形，主干灰褐色，表皮质地光滑。嫩梢黄绿色，枝梢斜生、粗壮，叶面绿色，光泽中等。顶生圆锥花序，有雄花、雌花、两性花3种。果实短心形，果肩两边隆起，梗洼下陷，果顶浑圆，果皮暗红色、较艳丽，缝合线浅、暗红色，龟裂片大、平坦，龟裂片峰平滑（无明显峰突），裂纹浅。

果实大，平均纵径3.54厘米、横径4.27厘米、侧径3.96厘米，平均单果重37.02克。果肉厚、半透明，质地爽脆，不流汁，可溶性固形物含量18.55%，可食率73.36%，风味蜜甜。种子平均纵径2.09厘米、横径1.72厘米、侧径1.48厘米，有些年份有小核出现。果肉爽脆、风味佳是该品种的突出优良性状，为鲜食良种。

在广西南部地区1月底至2月初开始出现花序原基，开花期为3月下旬至4月上旬，果实成熟期为6月中下旬。

2.栽培技术要点

适合在广西、广东、海南、福建和云南等省（区）荔枝产区引种栽培。种植株行距为5米×4米或5米×6米。春秋两季种植，定干高度离地面30～40厘米，培养分布均匀的3～4个主枝。桂糯属细枝小叶类型，修剪主要采用短截和疏剪相结合的修剪方法，采果后培养2～3次秋梢，控制冬梢抽生。花期放蜂传粉以提高坐果率。注意防治霜霉病，多施有机肥，注重施壮果肥和促梢肥。（广西　朱建华　苏伟强）

龙眼晚熟新品种“良庆1号”

“良庆1号”龙眼2008年5月通过广西壮族自治区农作物品种审定委员会审定。晚熟，果穗大，果实近圆形，平均单果重13克，果皮黄褐色；果肉爽脆，干胞不流汁，半透明，微香，风味清甜；可溶性固形物含量19.6%，可食率69.1%，适宜鲜食和加工。在广西南宁市，该品种9月上旬成熟。（广西　粟继军）

优质白沙枇杷新品种——丰玉

“丰玉”枇杷2008年6月通过江苏省农作物品种审定委员会审定。

1.特征特性

树型开张，树势旺，发枝力强，新梢萌发集中在基枝上部，每层有7～8条枝梢。叶片大、较厚、长椭圆形，边缘锯齿不明显；茸毛多，呈灰白色；叶色浓绿，有光泽；中脉明显。枝梢成穗率高，坐果稳定，结果性好，丰产、稳产。花序较大，主轴挺直，花朵大。嫁接苗定植后2～3年即可开花结果，4～5年试产，第6年正式进入投产期。果实成熟期为5月末至6月初。抗旱能力强，抗逆性强，适应性广。

该品种果大，平均单果重45.5～53.4克，最大果重在80克以上。果实扁圆形，纵径3.6厘米，横径4.4厘米。未成熟果的顶部有棱角，成熟时果顶渐圆宽平，萼孔开张、呈三角形。果皮橙黄色，果粉多，果面美观，果皮薄，易剥皮。果肉质地细腻，风味浓，甜酸可口，可溶性固形物含量14.8%～15.3%，品质佳。核较多，平均每个果有核5.1粒，可食率68.7%～72.1%。与大果型品种“冠玉”相比，果实大小相近，但可溶性固形物含量高出1～2个百分点。果柄较长，一般为3～6厘米，最长可达8厘米；果柄粗0.6厘米。果柄底部有少量放射性褐色斑点。耐储性好，在常温下储藏3周好果率在90%以上并保持鲜果风味。

2.栽培技术要点

丰玉属大果型品种，而且丰产、稳产。栽培上首先要施足基肥，才能满足树体的生长结果需要。其次要做好疏花疏果工作，全树保留2/3左右的花穗，每穗留果2～4个为宜。该品种树型开张，发枝力强，采取适当短截、拉枝等措施，有利于培养矮化和便于人工管理的树体，形成层间错落、受光均匀的凹凸树形。（江苏　戚子洪　蔡健华　黄颖宏）

抗寒苹果新品种“秋露”

“秋露”苹果果实扁圆形，单果重50.6克，最大果重88克。

果皮紫红色，储后转为粉红色。果肉黄白色，肉质硬脆，汁液多，甜酸适度，品质好。可溶性固形物含量16.5%，可溶性糖含量12.79%，可滴定酸含量0.85%。耐储，窖藏可储5个月。果实9月下旬成熟。2009年3月通过黑龙江省农作物品种审定委员会审定。（黑龙江　张英臣）

推介两个大粒无核葡萄优良品种

“紫脆”和“紫甜”是我国农民葡萄育种专家李绍星最新育成的特大粒无核姊妹系葡萄新品种。其外形好，肉质硬脆，极甜，鲜食口感品质极佳，种植效益好，是设施栽培的优良品种，也是观光采摘果园的理想种植品种。

一、特征特性

1.紫脆：黑色、大粒、长果粒无核葡萄新品种，亲本为牛奶×皇家秋天，欧亚种。其成龄叶片中等大小、深七裂，生长势中强。果穗阔椭圆形，平均单穗重500克，最大1500克。果粒长椭圆圆柱形，单粒重7.5克，经奇宝处理后单粒重达10～13克，紫黑至蓝黑色，含糖量21%～28%，果肉硬脆。在山东临清，于4月上中旬萌芽，5月下旬开花，7月5日着色，8月上旬成熟，常作温室设施栽培，用于生产高档果品。

2.紫甜：晚熟特大粒无核葡萄新品种。成龄叶片中等大小、深七裂，生长势中强。果穗阔椭圆形，单穗重500克，最大1200克，果粒鸡心形，单粒重5.6克，经奇宝处理后单粒重达10克左右,含糖量20%～28%，完熟时为蓝黑色。在山东临清，于4月上中旬萌芽，5月下旬开花，7月下旬着色，9月中旬成熟。

上述两品种着色过程全部是在袋内完成，生产上无须撤袋，采收延迟到霜降，也没有落果及环裂现象，而且品质更优，极耐储运，综合性状优良。

二、栽培技术要点：

1.上述两品种棚、篱架栽培均可，紫脆采用中长梢修剪，紫甜采用中短梢修剪。

2.花前摘心，花后半月左右果粒黄豆粒至玉米粒大小时，用奇宝或赤霉素（每克兑水15公斤）处理1次。

3.生产上多施磷、钾肥。（山东　徐玉英）

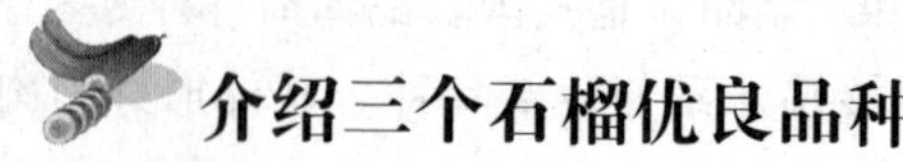

介绍三个石榴优良品种

1.大果大粒新品种“陕西大籽”

“陕西大籽”石榴是“御石榴”的株变，果实扁球形，平均单果重1200克，最大单果重2800克；果皮粉红色，表面棱突明显。籽粒百粒重93.63克，红玛瑙色，呈宝石状，汁液多，香味浓，风味酸甜，品质上等；可溶性固形物含量、总糖含量、总酸含量、维生素C含量分别为16.8%、10.9%、1.46%、131毫克/公斤，出籽率85%，出汁率89%，高抗裂果。在陕西省礼泉县，该品种果实在10月中下旬成熟，为鲜食和加工品种，2010年1月通过陕西省果树新品种审定委员会审定。（陕西　郭晓成）

2.耐储新品种“冠榴”

“冠榴”是石榴品种“大青皮甜”的株变，果实近圆球形，平均单果重630克，最大单果重1820克；果面紫红色，有少量锈斑。籽粒红色或浅红色，百籽重48克，种仁稍软、可食；汁液多，风味甘甜；可溶性固形物含量15.3%，室温下货架期2个月左右。在山东省枣庄，该品种果实在9月中旬成熟，2006年通过山东省林木品种审定委员会审定。（山东　杨列祥）

3.地方优良品种“玉石籽”

“玉石籽”为安徽省怀远县优良的石榴地方品种，其果皮薄，籽粒晶莹似宝石，果汁多，味甘甜醇厚，含有丰富的维生素C，除供鲜食外，还可酿酒、制作清凉饮料等。一般每亩产量1750公斤。（山东　李培久）

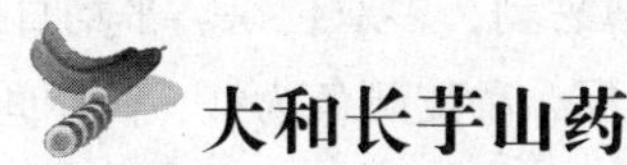

大和长芋山药

“大和长芋山药”是从日本引进的高产山药品种。

该品种植株生长势强，茎蔓右旋，长2.5～3.5米，横断面圆形。叶片大、戟形、缺刻小，单株叶面积1.2～1.5平方米，单株鲜叶重500～600克，地上茎枝叶总鲜重1.2～1.4公斤。叶腋着生零余子，每亩产零余子250公斤。块茎长圆柱形，长1.2～1.5米、横径3～6厘米。肉白色，肉质致密，皮褐色，须根多。宜鲜食或作药用，也可加工山药干。每亩块茎产量3000～4000公斤。块茎外观匀称，色泽白嫩，口感绵甜，营养物质丰富，干物质含量14.57%左右，可溶性糖含量1.22%，淀粉含量10.55%，粗蛋白含量2.23%，总氨基酸含量1.37%。大和长芋山药单位干物质总量比“嘉祥细毛长山药”低25.7%，比“铁棍山药”低48%，但产量是嘉祥细毛长山药的2～3倍，是铁棍山药的3～4倍。同时，大和长芋山药适合日本消费者的口味，是出口日本的优质高产良种。（山东　张来法）

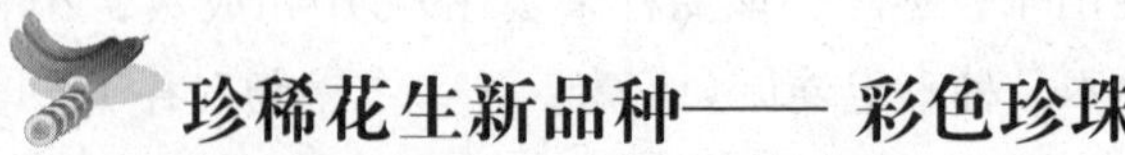

珍稀花生新品种—— 彩色珍珠

花生新品种“彩色珍珠”属珍珠豆型品种。叶片长椭圆形，叶色浓绿，茎基部花青素明显。株形紧凑直立，植株高，茎秆粗，分枝较少。平均单株结果数12.1个，单株饱果数8.5个，单株产量14.91克。荚果略长，果嘴突出、呈鹰嘴状，背脊较明显，网纹、网目中等，壳薄易剥，多双仁果。平均百果重140.7克，百仁重60.7克。籽仁椭圆形，种皮颜色为红、白相间。彩色珍珠花生具有优良的外观品质、食味品质和储藏品质，荚果和籽仁达到出口标准。出仁率为73.3%。种衣色泽鲜艳，食味松酥、香中带甜。含油量53.19%，蛋白质含量25.12%。（湖南　刘登望　李林）

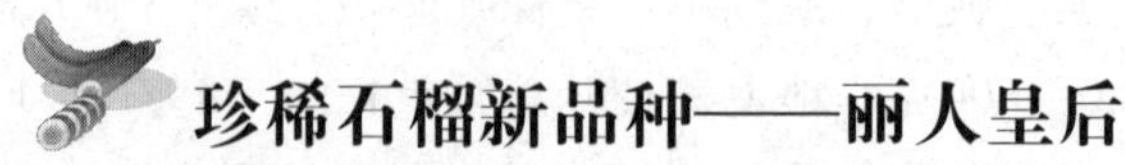

珍稀石榴新品种——丽人皇后

“丽人皇后”是河南省长葛市争艳苗木场选育的高产、优质石榴新品种。

一、特征特性

1.花美色奇，花果繁多，观赏期长，观赏价值高。该品种5～7月盛花，可一直开花到10月初，具有多次开花、结果特性，在河南一年可结果2次。花径10厘米左右，花瓣多层排列，不露花心，形似牡丹，状如绣球，花色水橙红色。树姿优美，开花结果多，果实中秋节前成熟，二次果国庆节前后成熟。果实近圆形，鹅黄色，光洁亮丽。

2.结果早，产量高，品质优。该品种栽后2年结果，4～5年进入盛果期，每亩高产可达5000公斤。单果重300～500克，最大700克，果个适中。籽粒水红色或玉白色，核半软，汁液多，浓甜、微酸、爽口。出籽率60.2%，百粒重51克，出汁率89.7%，可溶性固形物含量18.4%，营养丰富，品质极上。鲜食、加工兼用，还可制成保健果酒、饮料等。果实耐储运。

3.抗逆性强，适应性广。该品种根系发达，须根多，生长快，开花结果早，无大小年现象，结果年限长。抗寒、耐热，抗旱，喜光，耐盐碱，择土不严。北京以南地区可露地栽培，北京以北地区可盆栽，但冬季应置室内越冬。好种易管，病虫害少。

二、栽培技术要点

10月到次年4月为适栽期，株行距以1.5米×2米或1.6米×2.5米为宜。适用树形为主干疏层形。苗木既可扦插繁殖，也可种子繁殖。扦插繁殖，以春插为好；种子繁殖，室外播种可在清明节前后，室内播种可在2～3月。（河南　杨立）

介绍四个柿子优良品种

1.小萼子

又叫牛心柿，原产于山东青州。树冠圆头形，树势强健，树姿开张，枝条稠密、多弯曲。果实中等大、心脏形，横断面略方，橙红色，无纵沟。果顶尖圆、凸起，肩部圆形。果蒂较小，蒂洼浅；萼片直角卷起，故称“小萼子”。平均单果重100克，肉质细腻，纤维少，汁多、味甜，含糖量为19%，多数无核，但与其他品种混栽时有核，品质上等。在山东10月上中旬果实成熟。最适宜制作柿饼，出饼率达30%以上。

2.新秋

原产日本。该品种果实特大，平均单果重250克左右，最大可达340克；果实扁圆形、橙色，果顶平，果面光滑，无纵沟；果肉橙黄色、致密，汁液中多、味甜，可溶性固形物含量可达18%，褐斑少，种子少；8月底果实顶部着色变黄，之后顶部变为橙色、基部变为黄色时即无涩味。9月中下旬成熟，果实发育期135～145天。单性结实能力强，生理落果少，坐果率高，易丰产。成熟期较早，比“次郎”早20天，果肉无黑斑，品质优。

3.富有

原产日本，是日本甜柿中最有经济价值的品种。树冠圆头形，树势强健，树姿开张，进入结果期后易下垂。果实中等大小、扁圆形、橙红色，肉质致密，具有紫红色小点，不需人工脱涩，味甜，品质优，有核，平均单果重100～250克。10月下旬果实成熟。

4.镜面柿

原产于山东菏泽。树冠圆头形，树姿开张。果实中等偏大、扁圆形，横断面略方，果皮光滑、橙红色，平均单果重120～150克。肉质松脆，汁多、味甜，无核。在山东菏泽长期栽培中形成了成熟期不同的三种类型：早熟的“八月黄”、中熟的“二糙（早）”、较晚熟的“九月青”。早熟的以硬柿供鲜食，中熟、晚熟的以制柿饼为主，所制柿饼质细、透明、味甜、霜厚。喜肥沃土壤，抗旱、耐涝，丰产、稳产，对病虫的抵抗力较差，不耐寒。（山东　李静）

极晚熟桃新品种——映霜红桃

“映霞红桃”是山东省青州市益民果树研究所选育的极晚熟桃新品种。

1.特征特性

该品种树姿较开张，叶片大、披针形、深绿色。蜜腺肾形、极大。花瓣粉红色、半开张，花粉量大。萼筒小。果实圆形，纵径7.2厘米、横径7.8厘米，果形端正。果个大，平均单果重216.5克，最大425克。果实底色黄绿，果面着鲜艳玫瑰红色，光彩亮丽，果顶平。果面光洁，茸毛少，梗洼浅，无果锈。果皮厚、光滑。果肉乳白色，近核处粉红色，可溶性固形物含量18.1%，最高达26%，果肉脆甜可口，清香宜人，风味极佳。果核小，果实可食率高，黏核。果实硬度大，耐储耐运，冷库储藏可留到元旦、春节上市。

该品种一般3月下旬叶芽萌动、花芽膨大，4月上旬开花，花期7～10天，果实发育200天左右，10月中、下旬采收，留果可延迟到11月上旬采收。适应性强，抗旱，抗寒，抗病虫，在山区丘陵无水浇条件的地方，生长结果正常。6～8月是病虫害多发季节，该品种正处在缓慢生长期，果小，茸毛多，抗性强，等到9月中旬进入果实膨大期，气温已下降，发病轻，害虫大部分进入休眠期，所以该品种病、虫果率极低。

2.栽培技术要点

映霞红桃喜光，耐旱，耐瘠薄，可在土层较浅的山地、丘陵建园。地下水位1米以下，排水良好，雨季不积水、无内涝、通风良好的平原、滩地沙壤土亦可建园。挖长、宽各1米，深0.5米的树穴，回填时加入土杂肥，每亩施5000公斤。山丘地适宜株行距为3米×2米或3米×4米，平原为3米×5米或4米×5米。一般在初冬或者春季发芽前定植（冬季定植要培土防寒）。栽后立即定干，定干高度40~50厘米。浇透水，树盘盖地膜。（山东　崇有道）

介绍两个进口西红柿良种

1.以色列6号

从以色列引进的优质西红柿新品种。植株长势旺盛，茎秆粗，叶色浓绿，叶量适中，无限生长类型。果实圆形，大红色，单果重200~220克，果实整齐度高，色泽鲜亮，硬度好，保鲜期长，熟果采摘后可储存30天左右。抗性强，适应性广，丰产性好。保护地栽培可周年连续坐果20穗以上，露地栽培可坐果7穗以上，高山栽培可生长到早霜期。

2.真优美

从日本引进的粉果番茄新品种。高架栽培品种，一般留8穗果以上。早熟，果实膨大快，成熟期集中，第一穗果采收时，第五穗果都已达鸭蛋大小。果实整齐均匀，单果重250克左右，色泽鲜艳，商品性佳，口感好，皮厚，耐运输，很少有畸形果和裂果。丰产性能好。（山东　郑洪有）

优质香蕉新品种“河谷青”

“河谷青”是云南省农业科学院园艺作物研究所选育的优质香蕉新品种。该品种果穗长圆柱形，紧凑，平均每个果穗7梳，每个果穗总果指169～182根；果形弯曲，果指长15.20厘米、粗（周长）16.70厘米，单果重233克；生果皮深绿色，催熟后金黄色；果肉象牙色，果肉质地实滑，清淡甜香，品质优良；可溶性固形物含量20.10%，可溶性糖含量17.32%，可滴定酸含量0.44%，维生素C含量73毫克/公斤；果实较耐储藏，催熟后在室温条件下储存5天左右果皮无开裂，不易脱把，且基本无香蕉炭疽病斑；在云南省干热河谷地区栽培，耐旱性较好，抗裂果能力较强，适合在云南省高原干热河谷地区种植；3月种植，翌年3月自然成熟。该品种2011年通过了云南省非主要农作物品种审定委员会审定。（云南　黄文静　郑丽萍　马钧）

杏早熟新品种——丰园红

“丰园红”杏2008年6月通过陕西省果树品种审定委员会审定。

一、植物学特征

树姿半开张，主干和多年生枝暗褐色，主枝开张基角较小，一年生枝阳面红褐色，皮孔大。叶片圆形、深绿色，叶片长8.1

厘米、宽6.4厘米，叶面平滑，叶尖短尾形，叶基截形，叶缘锯齿粗钝；叶柄长3.6厘米，蜜腺圆小，多2枚。初开花瓣粉红色，盛开花瓣浅粉红色，花冠直径2.5厘米，单瓣，近圆形，中大；雌蕊高于雄蕊花占92%，花萼鲜红色。

在陕西西安地区，丰园红2月15日花芽开始萌动，3月8日叶芽萌动，3月16日始花，3月25日展叶，5月11日果实开始着色，5月23日果实成熟，12月上旬落叶。

二、果实经济性状

果实卵圆形，纵径5.8厘米、横径6.1厘米。平均单果重62克，最大单果重110克。果皮底色橙黄色，阳面着片状浓红色，着色面积占果实表面积的60%；果顶圆形，缝合线中深，片肉对称或稍不对称。离核，鲜核重2克，鲜仁重1.4克，仁甜。果肉较硬，完全成熟后肉质细密，纤维中等，汁液多，可溶性固形物含量13.29%，总糖含量7.58%，总酸含量0.93%，维生素C含量72.6微克/克，可食率96%。果实在室温下可以存放7天，较抗碰压，耐运输。

三、栽培技术要点

1.建园：露地建园，苗木栽植行株距为4米×3米或3.5米×3米。温室大棚栽植行株距为1.5米×1米。建园需配置“丰园29”等授粉品种，授粉树约占20%。

2.整形修剪：树形采用自然圆头形或主干形，树冠高度控制在3米以下。苗木定干高度60～80厘米，幼树夏剪多采用摘心，以促生分枝形成花芽。成龄树控制树冠，以改善树冠内通风透光。冬剪应注意疏除过密枝，剪截中、长果枝，控制花芽数量。（陕西　杜锡莹）

大果杨梅新品种——洞庭细蒂

一、植物学特性

“洞庭细蒂”树势强健，分枝能力强，树冠高大、圆头形，主枝粗壮、灰褐色。叶片大、倒卵状披针形，叶基渐尖，叶色浓绿，叶互生，叶缘有稀锯齿。雌雄异株，花较小，单性花。

二、果实性状

果实近圆形偏扁，单果重16克，最大果重21.5克，果面紫红色至深红色，果柄中等长而细，肉柱钝圆，大小均匀，果面圆整。果肉厚而汁多，酸甜适中，口感软，可溶性固形物含量11.7%，可食率93.2%，品质上等。抗逆性强，大小年结果不明显。

三、生长结果习性

洞庭细蒂杨梅一年抽发新梢2～3次，一般以春梢短枝结果为主。该品种花期较长，2月底至3月初花芽萌动，4月中下旬进入盛花期，果实成熟期为6月下旬。

四、丰产适应性

洞庭细蒂杨梅适应性强，耐瘠薄、耐干旱，丰产、稳产，高接第3年即少量开花，高接5年后树冠基本恢复，9年后株产平均60公斤；嫁接苗定植4年始花，7年树冠成形，9年后株产平均40公斤左右。

五、栽培技术要点

1.栽植密度：洞庭细蒂杨梅生长势强，树冠开张，栽植不宜过密，株行距一般以4米×5米或5米×5米为宜。

2.土肥管理：该品种栽种时，为促进树体快速生长，定植穴宜大而深（1米×1米），并逐年进行深翻扩穴改土，夏季高温干旱前需覆草或计划生草。幼树施肥以"促"为主，氮、磷、钾肥比例以1：0.8：0.8为宜；成年树以"控"为主，氮、磷、钾肥比例以1：0.3：4为宜。

3.树冠管理：通常采用自然圆头形整形，幼树以培养骨架整形为主，结果树以除萌、控旺枝为主，适当轻剪。

4.花果量调控：花量过多的年份，应在2～3月疏除部分结果枝，在谢花后20～30天根据留果量进行疏果。（江苏　戚子洪）

甜樱桃品种"布鲁克斯"

"布鲁克斯"是从美国引进的甜樱桃品种，2007年12月通过山东省林木品种审定委员会审定。果实扁圆形，平均单果重9.4克，最大果重13克，果实浓红色，果柄短粗；果肉紫红色，肉质脆硬，汁液丰富，含糖量17%，含酸量0.97%；耐储运，在0～5℃下可储藏30天以上。适宜露地和保护地栽培。（山东　王家喜）

柚类新品种——红肉蜜柚

"红肉蜜柚"是福建省农科院果树研究所选育的柚类新品种，表现为早熟、果肉淡紫红色、丰产、优质，2006年2月通过福建省非主要农作物品种认定委员会认定。

该品种幼树较直立，成年树半开张，树冠半圆头形。自花结实率高，成熟期较“琯溪蜜柚”早20～25天。果实倒卵圆形，平均单果重1880克，果皮黄绿色，果面较粗、皮薄。汁胞红色，果汁丰富，风味酸甜，品质上等。总糖含量8.76%，总酸含量0.74%，维生素C含量37.85毫克/100克，可溶性固形物含量11.55%，果汁率59%。采用大苗定植，第三年即可挂果，株产可达15公斤，第五、六年后进入盛产期，每亩产量可达4000～5000公斤。用土柚作砧木，山地株行距为3米×3.5米，平地株行距为3.5米×4米。适宜在琯溪蜜柚种植区种植。（福建　林锦蓉）

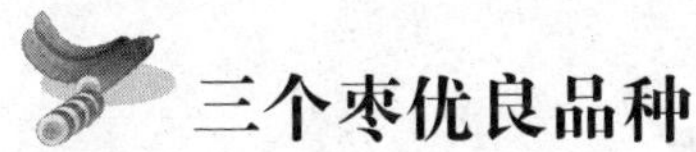

三个枣优良品种

1.枣观赏鲜食兼用新品种“鲁枣7号”

“鲁枣7号”是枣观赏品种“磨盘枣”的自然实生，是枣观赏鲜食兼用新品种。果实磨盘形，极具观赏价值；平均单果重8.6克，最大单果重9.3克，果实紫红色；果肉绿白色，肉质细，酥脆，汁液多，风味酸甜，鲜食品质上等；鲜枣可溶性固形物含量37.5%，可食率94%，出干率51%，维生素C含量3370毫克/公斤，无裂果。在山东省泰安市，果实于9月中下旬成熟，果实生长期95～105天。2010年12月通过了山东省林木品种审定委员会审定。

2.枣早熟新品种“乳脆蜜枣”

“乳脆蜜枣”是从“枣庄脆枣”中选出的枣早熟新品种。果实纺锤形，单果重14.7克，果实紫红色；果肉酥脆、无渣，汁液丰富，品质极上等；脆熟期可溶性固形物含量25.5%，可食率

95.7%，维生素C含量2526毫克/公斤。在山东省枣庄市，该品种果实于8月中下旬完熟。2010年通过了山东省林木品种审定委员会审定。

3.枣抗裂果制干新品种"相枣1号"

"相枣1号"枣果实扁卵圆形，平均单果重33.4克，最大单果重78克，果实紫红色；果皮较厚，单核重0.5克；果肉致密，硬度大，粗纤维含量高，汁液少，风味甜；果实含水量少，制干率56%，适宜制干；鲜枣可食率98.5%，含糖量30.7%。在山西省运城市，该品种果实于10月初成熟，为晚熟品种。2009年4月通过了山西省林木品种审定委员会审定。（山西　吴国林　杨俊强）

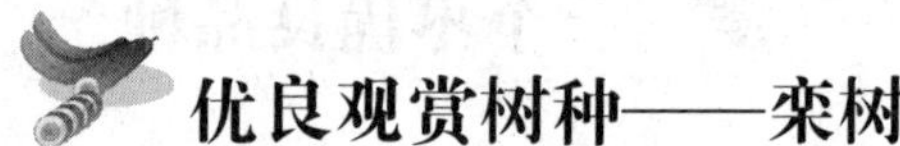

优良观赏树种——栾树

栾树又名灯笼树、灯笼花、摇钱树、黑色叶树，为无患子科栾树属落叶乔木。原产于中国北部及中部，北自东北南部，南到长江流域及福建，西到甘肃东南及四川中部均有分布。

栾树树冠整齐，树形端正，枝叶茂密而秀丽。春季嫩叶多为红色，夏季开花，花金黄色，圆锥花絮，花期60～90天。夏天叶片羽状、浓绿色，入秋后叶色变黄，十分美丽。国庆节前后其蒴果的膜质果皮膨大如小灯笼，成串挂枝顶，像串串小铃铛，经冬不落。春季观叶，夏季观花，秋冬观果，是集观叶、观花、观果于一身的优良观赏花木，是北方绿化的理想树种。

栾树为速生树种，喜光，稍耐阴，喜湿润气候，但对寒冷和干旱有一定的忍耐力。对土壤要求不严格，耐瘠薄，喜生于石灰质的土壤。能耐盐渍及短期水涝，在微酸性和微碱性的土壤中都能生长，在湿润肥沃的土壤中生长良好。栾树为深根性树种，萌蘖力强，幼树生长较慢，以后生长逐渐加快，对烟尘有较强的耐性，对有害气体二氧化硫有较强的抗性。（甘肃　李随文）

具观赏价值的药用植物——了哥王

了哥王为瑞香科植物，又名地棉根、山雁皮、指皮麻等，具有清热解毒、化痰止痛、消肿散结、通经利水的功效，对支气管炎、淋巴结炎、风湿性关节炎、跌打损伤等疾病均有疗效。了哥王还是一种很有观赏价值的植物，主要分布于浙江、江西、福建、湖南、广西、广东等地。

一、特征特性

了哥王为灌木，高30～100厘米。枝红褐色、无毛。叶对生、坚纸质至近革质、长椭圆形，长2～5厘米、宽0.8～1.5厘米，叶柄短或几乎没有。夏季为花期，花黄绿色；秋季为果期，成熟果为红色或暗红色。主根发达，多呈水平状分布在20～30厘米的土层中，长达1～3米，须根较少。

了哥王喜温暖湿润气候，不耐严寒，适宜在通气性好的沙质壤土中生长，忌土壤积水。野生时一般分布在山坡灌木丛中或路边、村边等。

二、栽培技术要点

1.选地与整地。选择远离污染、水质洁净、符合中药材GAP种植环境条件的地方种植，同时要求土壤温暖湿润、地块向阳、土层较厚、土质疏松、富含腐殖质、排水良好、土质为沙质壤土。深耕30厘米后，每亩施有机肥3000公斤，整平后做宽1.5米的畦，开好排水沟。

2.播种移栽。由于了哥王根的韧皮部与木质部极易分离，裸苗移栽，其成活率很低，为了提高其成活率，最好采用营养袋育苗移栽。

了哥王年生产量相对较低，为了提高前期产量，栽种密度可适当加大，株行距以30厘米×40厘米为宜。在建园时还可采取直播，其密度以20厘米×30厘米为宜。（江西　肖军平　聂垚　余宝平）

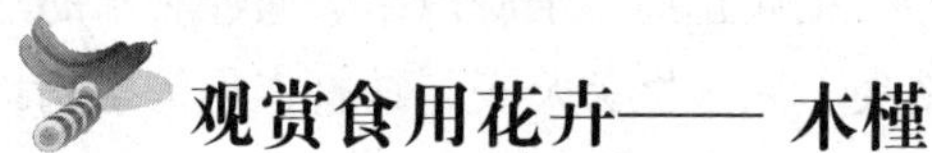

观赏食用花卉—— 木槿

木槿，又名障篱花、木锦花、灯盏花，为锦葵科木槿属多年生落叶灌木。木槿分布于我国南北各地，具有食用、药用、观赏、水土保持、净化环境、作洗发剂和纸浆用原料等多种用途。

木槿原产于印度和我国中部地区，在南方能长成小乔木，高达2~6米。单叶互生、菱状卵形。夏秋季开花，花单生于叶腋，具短梗，花径5~8厘米，单瓣或重瓣，有紫红、粉红、白等色，朝开暮闭。蒴果卵圆形，种子成熟时为黑褐色。木槿花期长，花色丰富，有吸收有毒气体和滞尘的作用，是公园、工厂、庭院绿化的重要观花灌木之一。

木槿喜温暖湿润气候，对环境的适应性很强，耐热、耐寒，也较耐干燥和贫瘠，对土壤要求不严，但要生长良好，种植地宜选择酸性或微酸性、排水良好、肥沃湿润、向阳的土壤。目前栽培的品种较多，常见的有“短苞木槿”、“牡丹木槿”、“大花木槿”、“白花单瓣木槿”、“白花重瓣木槿”等，以“白花重瓣木槿”观赏性最佳。木槿易成活，好管理，还可盆栽。

木槿不但可供观赏，而且还有较高的药用价值。其种子入药可治咳嗽痰喘、偏头痛。其表皮药名木槿皮，能清热利尿、杀虫止痒。白木槿花可做菜，凉拌、炒制、做汤均可，味道清香，滑嫩可口，能润燥、利小便、解湿热。

木槿可用种子繁殖，也可用扦插繁殖，栽培上一般采用扦插法繁殖。（湖南　曹涤环）

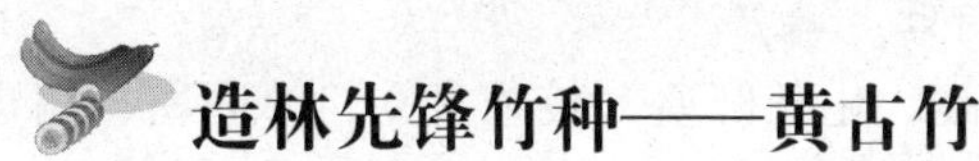

造林先锋竹种——黄古竹

黄古竹又称黄壳竹、黄皮竹、黄竹，以节长、节平、通直、叶大、篾性好著称，是优良篾材加工竹种，兼可作笋用、观赏用等。主要分布于浙、皖、苏、豫、赣等地的山地、丘陵、岗地、“四旁”，在海拔1000米以下山区及低湿沙堆、海涂、道路、河岸旁均能正常生长，在城市园林景观绿化点缀也占据一席之地，尤其是荒山杂灌薪炭林地、陡坡地的先锋造林竹种。

黄古竹属中小型竹，适应性广，栽培成林简易又快速，管护简单。适宜引种的生态条件是年均气温14.5～21℃、年降雨量750～2000毫米、大于或等于10℃积温4500～7500℃、无霜期210～330天、年相对湿度75%～85%，土层、光照、水分、肥力等条件中等以上。（安徽　罗双林）

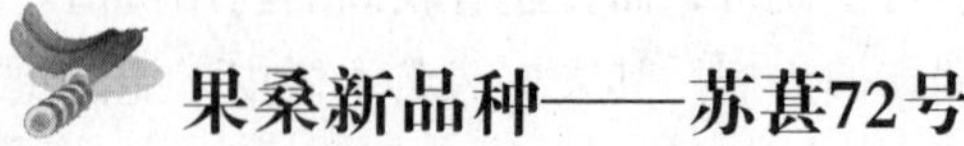

果桑新品种——苏葚72号

“苏葚72号”是从台湾果桑品种中选育出来的果桑新品种，表现为产果量高、抗菌核病（白果病）、耐寒，2008年通过了江苏省蚕学会组织的审核鉴定。

1.特征特性

树势强健，生长旺盛，枝条直立，节间密，树皮棕黄色，冬芽红褐色、长三角形，芽体大，副芽少，叶长18.6厘米、叶幅14.4厘米。桑葚长条形，大而多，呈紫褐色。开花期3月中下旬，成熟期5月中下旬，果长4.1厘米、横径2.0厘米，平均单果重4.8克，最大8.1克。成熟的桑葚可溶性固形物含量为12.1%，维生素C含量为9.96毫克/100克，pH值4.7，口感酸甜，出汁率76.7%。

该品种单芽着果数3～7个，米条长（指1米长的枝条）产果量为408.5克，4年生树平均单株产量26.77公斤。自然条件下，一年结果两次；人工控制条件下，可分期调节产期，一年中有8个月有鲜果上市。

2.栽培技术要点

各种土壤均可栽植，以排灌方便、土地肥沃的地块栽植最好。春栽和秋栽均可，每亩栽330株，行距2米、株距1米。定植后，新枝条长到40厘米左右时，将主要新梢条进行摘心处理（可多次摘心），当年即可培养成1个主干、2～5个主枝、8～15个亚主枝的多层结果枝树型。以后每年采果结束后，剪去基部下垂枝和无效枝，对生长旺盛的枝条进行控梢处理，使树冠向四周开展，高度控制在4米以下。在落叶后至土壤封冻前普施农家杂肥，解冻后追施有机复合肥。结果期需充足的水分供应，遇干旱应及时灌水。采果结束后重施有机肥，以鸡粪、豆饼最好，促使花芽分化和形成，可显著提高产果量和品质，同时增施氮肥，以利营养生长。（江苏　魏晓军）

特色经济林品种——肉桂

肉桂又名玉桂，是广西最具特色的经济林品种，肉桂皮和肉桂油是著名的香料和药品，具有极高的经济价值，而且具有一次种植多次收获、种植成本低、经济效益高等优点。

1.植物形态：肉桂是热带、亚热带多年生樟科常绿植物，乔木，高10～17米；树皮褐色或棕色，粗糙，多皮孔；嫩枝略呈四棱形，绿色；单叶互生或近似对生，叶革质、长圆形至披针形；叶表面绿色有光泽，叶柄粗短；叶与树皮具有肉桂的特有香气；圆锥花序，花小、黄绿色；核果紫黑色、椭圆形。

2.生长环境：肉桂主产于广西和广东，福建、云南、浙江、湖南、江西等省也有引种栽培。肉桂喜温湿，最适宜生长温度为26～30℃，气温低于20℃则停止生长，能忍耐短期-2℃的温度，但遇上6天以上霜冻，则会出现枝枯皮裂、幼树冻死。年降雨量在1200～2000毫米、相对湿度在70%～80%以上才能正常生长。肉桂幼苗和幼龄树的生长荫蔽度以60%～70%为宜，强光会抑制其生长，同时要防止旱害；对于成龄树，则充足的阳光可促进韧皮部形成油层，从而可提高桂皮含油量。种植肉桂的土壤要求土层深厚、质地疏松，有机质丰富，磷、钾含量高，pH值为4.5～5.5，湿润的酸性沙壤土或壤土。（广西　赖文安）

特种经济作物——玛卡

玛卡是十字花科独行菜属植物，别名为甜菜根或秘鲁人参，原产于南美洲安第斯高原。其肉质根为短圆锥形，外表皮呈紫色、奶油色或黄色，富含碳水化合物、蛋白质、不饱和脂肪酸和矿物质元素，主要化学成分是玛卡烯、玛卡酰胺、硫配糖体等。玛卡营养丰富，既可入药，又能食用，具有增强人体免疫力、快速恢复体力、消除疲劳等神奇功效。以玛卡为主要原料生产的各类保健品在欧美、日本等国市场上迅速推广，得到越来越多消费者的青睐。

玛卡喜冷凉而又湿润的气候，较耐寒，适应性较强，适宜在海拔2700～3200米的高寒冷凉山区种植。忌高温和涝洼积水，栽培地以多年未种植过十字花科作物的地块为好，忌连作。（云南 谢荣芳）

多用途乡土树种——刨花楠

刨花楠又名香粉树，为樟科常绿大乔木，树体高大，树冠浓密，枝叶翠绿、清秀，嫩枝、新叶、果梗粉红色，为优良观叶观果绿化树种。

刨花楠树皮灰白色，有灰白色斑点突起。叶互生，集生于枝端，革质，披针形或椭圆形。圆锥花序黄绿色、顶生，花期4

月。浆果球形，果熟期6~7月，当果皮由青转蓝黑色时，核果成熟，可立即采种，核果去种皮后即可播种。值得注意的是，刨花楠采种季节气温高，种子难以储藏，应随采随播。

刨花楠生长迅速，适应性强，干形通直，出材量大，心材带红色，纹理通直，结构细密，材质较轻，硬度适中，是优良的家具、胶合板、细木工具用材。木材具胶质，树皮剥断后能见黏性丝，木片、树皮浸水后有黏液，利用木材加工成香粉，可制作塔香、蚊香、祭香等熏香产品，也可作为黏合剂与其他原料混合使用，经济价值较高。利用其自然黏性，将枝、叶、树皮及木材粉碎成粉末，也是制作祭香的上等材料。

刨花楠分布在长江以南的江西、福建、浙江、湖南、广东、广西等地，散生于常绿阔叶林内，与红楠、木荷、栲类等树种混生，垂直分布于海拔300~900米以下的山地。刨花楠为深根性偏阴树种，幼年喜阴耐湿，中年喜光喜湿，生长迅速，8年生树高可达8.5米，胸径达10.3厘米；20年生树高可达16.3米，胸径达19.8厘米。海拔800米以下的山地黄壤都适宜其生长，特别是在疏松、湿润、肥沃、排水良好的山脚、山沟边生长更快。刨花楠萌芽力较强，一次种植可多次利用。可作为四旁绿化、荒山造林或基地造林树种，是值得发展的一个乡土树种。（江西　林朝楷）

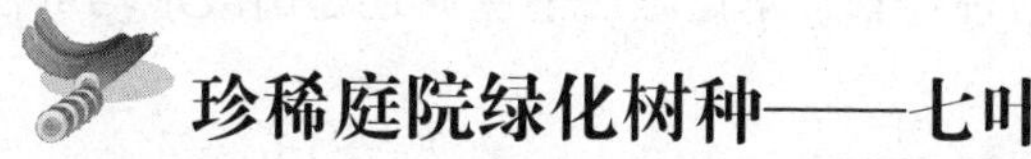

珍稀庭院绿化树种——七叶树

七叶树是七叶树科七叶树属高大落叶乔木，又名娑罗树、梭罗树。其树干挺拔，寿命长，树冠开阔、庞大呈圆球形，开花时硕大的花序犹如一盏盏华丽的烛台，蔚为壮观。七叶树树形优美、花大秀丽、果形奇特，是观叶、观花、观果不可多得的园林绿化树种，可孤植、群植或与常绿树和阔叶树混植。七叶树根、皮可制造肥皂，叶、花可做染料，种子可提取淀粉或榨油。七叶树生命力强，耐干旱，抗风沙，耐盐碱，抗污染力也较强。七叶树的繁殖方法有播种繁殖、扦插繁殖和嫁接、组织培养等，但在生产中主要采用的是实生播种育苗。（河南　衡永）

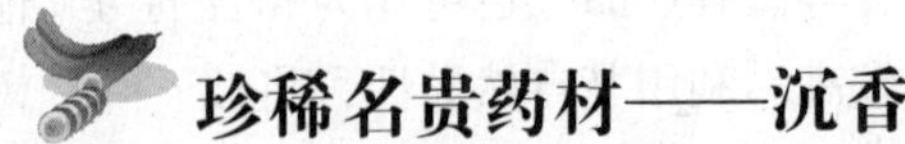

珍稀名贵药材——沉香

一、特征特性

沉香又称白木香，属瑞香科常绿乔木，是我国特有的珍贵药用植物。沉香是南方药材十大品种之一，用途十分广泛，是多种中药配方的主要用药，同时也是一种高级香料。已结香的沉香木是工艺雕刻的上等用料，经济价值高。沉香树形优美，是一种优良的园林绿化树种。

沉香主根发达，前期生长缓慢，10年后生长加快，15～20年生树每株可产沉香1～3公斤。结香时需干旱和充足的光照，为加快结香、结好香，宜前期供足水、肥促生长，后期控制水、肥促结香。沉香易种好管，不论是房前屋后还是山坡地均可种植，种植成本低。

二、栽培技术要点

1.选择疏松、肥沃、湿润、微酸性的土壤栽培。

2.栽培株行距为2.5米×2.5米或2米×2米，每亩栽110株或167株，选用1～2年生粗壮营养袋苗，苗高40厘米以上。

3.每年冬季和翌年春季的3～4月为种植适期。种植时要扶正压实，施足底肥，种后淋足定根水。

4.每年抚育1～2次，除草、松土、扩穴，连续抚育3年以上。不要过早修剪侧枝，其主干较明显，待长到一定高度后把阴枝剪去即可。（江西　黄菊林）

珍稀彩色花叶植物——花叶络石

花叶络石是多年生常绿木质短藤蔓植物，因其在整个生长过程中叶色自变五彩斑斓而受到人们的青睐。

花叶络石一般藤长20～40厘米，具有气生根，匍匐生长，节节生根，是地被绿化、防止水土流失的好品种。因其具有攀援的特点，可用于绿化墙体、美化走廊等。作盆栽时，可随意修剪组合造型，可在花盆中将其藤蔓扎成亭、塔、花篮等，也可让其在花盆中自然生长，挂在室内或阳台上。

花叶络石最为奇特的是其会自动变色的叶片。它新生的叶片粉红娇嫩，自成喇叭状，宛如开放的花朵，艳丽夺目。这些粉红色的叶片后来会渐渐自变为粉白色，最后又渐渐衍生出许多彩色的斑纹或斑点，形成美丽的花叶。

花叶络石耐旱，喜湿，稍耐阴，特别耐寒，种植简单，管理粗放，既可地植，又适合盆栽。（安徽　杨云广）

药食兼用植物品种——黑枸杞

黑枸杞属茄科枸杞属棘刺落叶小灌木，株高20～50厘米，是喜光树种，全光照条件下发育健壮，在庇荫条件下生长细弱，花果极少。适应性很强，在盐碱荒地、盐化沙地、盐湖岸边、渠道两旁、河滩等各种盐渍化土壤中生长良好，能耐38.5℃的高温，耐寒性也很强，在-25.6℃低温条件下无冻害。耐干旱，在荒漠地仍能生长。每年4月下旬至5月上旬发芽并展叶，5月底至8月中旬陆续开花结果，8月下旬至9月中旬果实成熟，9月下旬至10月上旬叶片干枯凋落。从发芽到果熟约需140天，生长期约150天。黑枸杞味甜多汁，含有有机酸、矿物质、微量元素等多种营养成分，特别是花青素含量高，具有很好的食用、药用价值。

黑枸杞种植方式简单，栽培管理粗放，对土壤要求不严。但其抗涝能力差，低洼积水处不宜栽种。一般每亩施有机肥2500公斤以上、复合肥50公斤。栽种后及时中耕除草，防止杂草丛生，以免与植株争肥和传播病虫害。一年要保证2次施肥，施肥时间掌握在落叶后至发芽前施基肥，开花坐果期追肥，有条件的最好在施肥后结合灌水。忌多湿与排水不良，但过于干旱又会影响其生长发育，应根据当地条件及时进行排灌水。修枝对提高产量、培养大果球枸杞子很重要，因此修剪时要培养和保持株丛拥有10个左右的骨干枝，并保持株丛内良好的光照条件，同时剪去过密的枝条和有虫害、受伤或比较弱的枝条，留新枝补充。病虫害主要有蚜虫、枸杞负泥虫、枸杞白粉病、煤烟病等。虫害可用40%氧化乐果1000倍液喷洒防治，病害可用多菌灵1000倍液等药剂喷

洒防治。（河北　李富庄　王宝国）

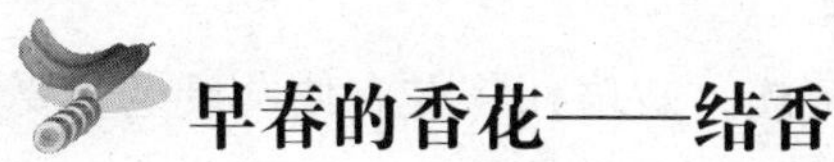

早春的香花——结香

1.植物学特征

结香又名灭蚁树、雪花树、三叉木，为瑞香科结香属落叶或常绿灌木。其花又名梦花、黄瑞香、雪里花、喜花、打结花等。

结香丛生，高可达1～2米，每年分枝1次，每枝分出3根小枝，通常呈三叉状。先花后叶，叶互生，簇生于枝顶，薄纸质，叶长6～20厘米、宽2～5厘米，椭圆状长圆形或椭圆状披针形，先端尖，基部钝尖，全缘，表面有疏柔毛，背面粉白色有长硬毛。

秋末落叶后，枝梢各下垂团状花蕾，至翌年春先叶开放。花期根据各地气候的不同，2～4月从南到北陆续开放。果期8月。

2.生态习性

结香主要分布在我国河南、陕西至长江流域以南各省区，是温带树种，耐半阴，也耐日晒，耐寒力较差，在华北一带一般在温室栽培。根系肉质，水涝容易烂根，对土壤要求不严，忌盐碱地。

3.观赏特性与应用

结香夏季绿叶婆娑、姿态清雅，早春花色素雅、芳香浓郁，是长江流域少有的早春露地香花。在园林配置中，可点缀于假山岩石旁、水塘池畔，或孤植、列植和丛植于庭院、草坪等处。还可盆栽布置花坛、会议场所。将开花枝插入罐或瓮中，也很时尚。

结香是一种高级纤维植物，是制造高级纸张和人造丝、人造棉的上等原料。结香还有驱虫作用，凡在宅旁种植结香的人家，很少受到白蚁的侵害，被人们称为“灭蚁树”。结香全株入药，能舒筋接骨、消肿止痛，可治跌打损伤、风湿疼痛。

4.繁殖管理

结香木质疏松，栽培10年左右便会衰老，要注意繁殖新株取而代之。结香根颈处易长蘖丛，可用分株、扦插、压条等方法繁殖。

结香生长健壮，适应性强，病虫害少，盆栽土壤可用富含有机质带酸性的轻壤土，盆土透水性要好，可用腐叶土、园土及沙各1份混合配制。（浙江　张建国）

大花萱草新品种——金娃娃

大花萱草“金娃娃”是近年从国外引进的多年生宿根花卉，是经过人工培育的多倍体萱草品种，植株矮、花期长、喜阳光，叶似兰草，花如百合，可用于布置花坛、马路隔离带、疏林草坡等地被栽植，也适宜盆栽，是融观叶与观花于一体的优良园林地被花卉。其花营养丰富，可作蔬菜食用。

1.特征特性

金娃娃具有大花萱草的一般特性。根有肉质根和须根两种，肉质根呈纺锤状，须根多生长在肉质根上。具短根状茎，叶翠绿色、狭长。花薹从中部抽出，螺旋状聚伞花序，每个花序可着花数十朵，花蕾似簪，开放后如漏斗，裂片翻卷，为百合形花冠，花被基部合生呈筒状。花金黄色，花瓣秀丽，花径10厘米左右。花期5～10月，单花寿命短，清晨开放，傍晚闭合，晚上萎蔫。蒴果，一般不结实。我国南北方均可种植，根状茎可在-20℃的冻土中越冬，喜温暖、喜阳光，耐半阴、耐高温，抗干旱，抗病虫能力强，适应性广，对盐碱土壤有耐性。

2.栽培技术要点

大多在早春3月初植株萌芽前栽植。金娃娃对土壤要求虽然不严，但因栽后要生长多年，所以应重视栽植地的选择，最好选择地下水位低的平地或灌溉条件好的坡地，要求排水良好、土质疏松、土层松厚。因金娃娃分蘖能力强，栽植时株、行距以30～40厘米为宜，每穴栽3～5个株芽，栽植不宜过深或过浅，过深分蘖慢，过浅长势弱。一般在定植穴内施足底肥，栽后覆细土，压实，再浇透水，以确保成活率。（江苏　姚永平）

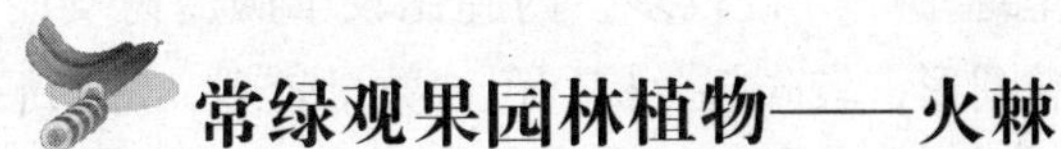

常绿观果园林植物——火棘

火棘又名救兵粮、火把果、吉祥果，为蔷薇科火棘属常绿灌木或小乔木，是现代城市园林中广泛用作绿篱的常绿园林植物。它适应性强，冬季挂果，果色红艳，经冬不落，是优良的观果树种，也是制作盆景的好材料。其用途广泛，不仅能供观赏、布置园林、美化环境，而且可食用、药用。

火棘树高可达4米，短侧枝常呈刺状，小而细长，水平延展或平卧。叶倒卵形或倒卵状长圆形，表面暗绿色，两面无毛。花集成复伞房花序，直径3～4厘米，花白色，雄蕊20枚，花柱5枚。果实扁圆形、橘红或深红色，萼片宿存。花期4～6月，果期9～12月。

火棘原产于我国四川、云南、贵州、湖北、西藏等省区，现在全国各地广泛栽培。火棘喜光，稍耐阴，可耐-16℃左右

的低温。耐旱力强，对土壤要求不严，萌芽力强，耐修剪。（江苏　胡军荣）

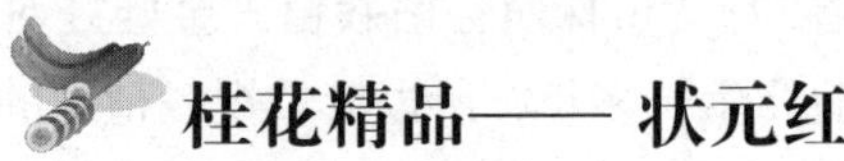

桂花精品——状元红

桂花树属木犀科木犀属植物，“状元红”是桂花树的一个新品种，于2004年通过国家林业局审定（审定编号：国S-SV-OF-019-2004）。

1.特征特性

树冠呈球形，分枝较多，内膛比较丰满。树皮浅灰色。皮孔圆形或椭圆形，较隆起，棕红色，数量较多，每20平方厘米标准样上分布6～8个。叶片对生、革质较厚，成熟叶墨绿色、略有光泽，叶片为披针状长椭圆形，平均长11.5厘米、宽3.5厘米，长宽比3.2。一般具侧脉8～13对，侧脉与网脉较明显。叶缘基本全缘，偶先端有疏齿，基本平直，但反曲明显。叶尖短尖或长尖，且先端反曲。叶基楔形，叶柄黄绿色、长9～14毫米。

2.生长习性

状元红对栽培环境的要求与远缘亲本“丹桂”一样，需要温暖湿润的气候和疏松肥沃的微酸性土壤。国家林业局建议该品种的适宜种植范围是：长江流域海拔500米以下、pH值5.5～6.5、土层深厚肥沃地区。

3.繁殖方法

主要采用扦插育苗繁殖，成活率约为60%，也可以采用桂花本砧苗嫁接状元红接穗，以加快本品种的繁殖速度。

4.开发利用

状元红树冠浓密，造型良好；分枝力强，生长量大；花径大、花量多、花色红艳，观赏价值极高，非常适合公园景点和小区庭院种植，也是北方地区盆栽的良好材料。（江西　林朝楷）

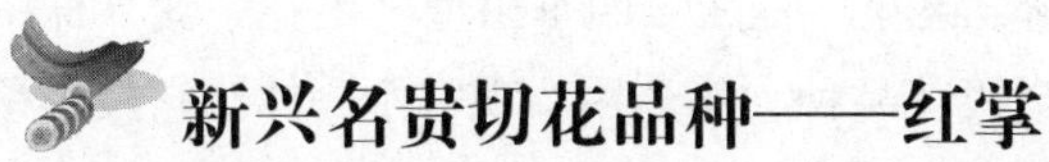

新兴名贵切花品种——红掌

红掌又名安祖花、火鹤花、花烛等，为天南星科花烛属多年生附生性草本花卉。肉质根发达，无茎。叶柄长，集中着生于根茎处；叶片从根茎抽出，具长柄，单生，心脏形，鲜绿色，叶脉凹陷。肉穗花序，圆柱状，直立。花单朵，从根颈中部抽出，蜡质佛焰苞如手掌，鲜红色，故名“红掌”。周年开花。

红掌原产中美洲和南美洲热带雨林中的阴湿沟谷，属典型的热带花卉，通常附生于高大的树干上。喜温暖湿润气候，忌干风烈日，不耐低温，也忌高温，生育适温为18～30℃，低于15℃或高于32℃对生长不利，相对湿度以75%～80%为宜。红掌喜光，但是不耐强光，春、夏、秋季应适当遮阴。

红掌因其形态奇特别致、色泽鲜艳红润、花大且瓶插寿命长、周年开花等特性而深受消费者青睐，成为风靡全球的新兴名贵切花。我国于20世纪70年代后期开始引种栽培，发展迅速，现在我国广东、云南、海南等地有较大面积的切花栽培。（黑龙江　韩继龙）

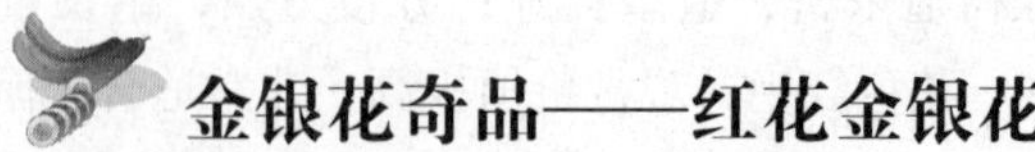

金银花奇品——红花金银花

“红花金银花”是从“四季树型金银花”变异株中选育的珍稀、奇特金银花品种，集药用、观赏于一体。它枝蔓呈红色，叶淡紫色，深秋随着温度降低渐呈紫红色，花呈多种颜色，香味浓，还具有以下特点：

1.抗病、抗逆性强

对土壤、气候要求不严，喜光，耐阴、耐寒、耐旱、耐瘠薄，全国大部分地区都可以种植。

2.生长快，耐修剪

长势比普通金银花快，当年栽的苗，当年5月份就可以开花，若肥水充足，当年枝蔓可长1.5米左右。因其生长旺盛，通过连续摘心、整形修剪，可促发分枝，能快速培养成形。反复修剪，还可明显延长花期。

3.花色多

新抽枝蔓每叶着两个花针，开花前由紫红色变成大红色；开花时变成粉红色；开花后呈红、粉、黄、白各色相间，非常美观。

4.开花早，花期长

开花比普通金银花早5～10天，花期从5月份到10月份，一年可开4次花。

5.香气浓

其挥发油含量较普通金银花高近1倍，花香淡雅久远，清爽宜人，药性高，花、叶、茎均可入药，具有清热解毒的功效。

6.用途广

除药用外，因其四季常青，还可培养制作金银花盆景，是有待开发利用的珍稀园林观赏品种。（江西　邓定洪）

技术篇

JISHU PIAN

温室番茄三茬果丰产栽培技术

番茄不仅根系发达，而且具有每个叶腋产生侧枝的能力，侧枝生长快，易开花结果。根据这一特性，我们在温室番茄栽培上采取连续摘心整枝法进行换头再生产，使温室番茄由定植一次收获一茬变为定植一次收获三茬，即番茄三茬果栽培。该栽培技术种植的番茄，三茬果总产量比常规秋冬茬番茄高2.5～3倍，产值超过常规两季栽培（秋冬茬加冬春茬），而管理用工和生产成本比两季栽培降低20%左右。

该技术在秋冬茬或冬春茬番茄上均可进行，但以秋冬三茬果栽培的经济效益更好。在新疆霍城县，较合理的播期以8月中旬为最佳，采收期分别为：第一茬11月底至元月中旬，第二茬3月下旬至5月下旬，第三茬6月下旬至8月上旬。关键是抓住第一茬和第二茬上市期，以确保取得较好的经济效益。现将其技术要点介绍如下：

一、温室性能要好

这是进行温室番茄三茬果栽培生产的前提。因为在日光节能温室内生产，冬季外界夜温降至-20℃时，温室内不加温的情况下气温不能低于8℃，10厘米地温不低于10℃；晴天温室内1米高处，平均光照强度达到70%以上。符合这样的基本生存条件，冬季番茄才能正常生长。

二、番茄三茬果栽培方法

在定植缓苗后，采取单干整枝留3～4穗果，待第二穗果收获时换头留侧枝培养第二茬果；当第二茬果收获近一半时要换头留第三茬果。其特点是一次育苗定植，三次收获。

1.头茬管理：当主干第一茬的第三或第四花序开花后，在其花序上留2~3片叶摘心，同时把第一花序以下的侧枝去掉。当第一茬第二花序的果收获1/3时，每株选留2个健壮侧枝整枝。待这些侧枝现蕾后再用一健壮侧枝代替主干让其开花结果，这时可将另一侧枝打掉。如果附近有缺苗或附近老秧上无健壮侧枝，则可留两个侧枝代替主干生长，这是第一次换头。将第一茬第二花序下的叶、病果、枝杈等全部去掉，以利通风透光，并进行一次水肥管理和病虫防治。当第一茬三、四果序收获后，立即将选留侧枝处以上的主干（老蔓）剪掉，同时将主干（老蔓）上剩余的老叶、病叶、残果全部去除，以利二茬果的健康生长。

2.二茬管理：换头后产生的第二茬果要用激素蘸花，确保坐果。为保证产量，在果实膨大期追肥2~3次，并注意氮、磷、钾三元肥的搭配。当第二茬果的第三花序开花后，对其留2~3片叶进行摘心。这时为了便于管理，如果番茄秧蔓过高，可进行盘秧，降低秧蔓高度。

3.三茬管理：当第二茬果收获近一半时进行第二次换头。选留侧枝和管理方法同第二茬果。生长期要加强水肥管理，做好病虫防治工作。

三、其他管理要求

1.温湿度管理：

（1）第二茬的生长期正值低温弱光的冬季，阴雪天多，光照严重不足，极不利于番茄的开花坐果。所以必须加强管理，确保光照条件，才能获得成功。为确保光照，可增挂反光幕，草帘要早揭晚盖。

（2）温度调控一定要科学，尽量做到白天上午至中午保持25~28℃、下午到盖草帘前18~23℃、前半夜14~18℃、后半夜至早晨揭帘前10℃以上（短时间最低温要在6℃以上）。同时做好通风工作，尽量降低棚内湿度，以减轻灰霉病、早疫病、叶霉病的发生。通风工作要做到每天多次逐步进行（除风雪天外），坚持小风口通风的原则来调节温度，即在科学控温的前提下科学通风，切忌温度过高或大风口开放，以免造成温度失控。

2.水肥管理：

（1）因为番茄三茬果栽培生长周期长，生长期施底肥困难，所以定植前就要施足底肥，每亩施发酵腐熟羊粪和鸡粪8～10立方米、过磷酸钙80～100公斤、磷酸二铵40～50公斤、硫酸钾40～50公斤。其中有机肥作底肥，化肥的一半深施深度30厘米，另一半在整地起垄时垄下集中施入。

（2）番茄生长过程中的追肥原则是“少吃多餐”，每次施肥量不应大，按番茄需肥规律及时追施。根据生产实际每次每亩追施尿素8～10公斤、硫酸钾6～8公斤。冬天不追施尿素、磷酸二铵等化肥，以免降低地温，可用腐熟鸡粪或大粪水冲施，同时叶面定期用磷酸二氢钾、过磷酸钙、瓜菜灵等进行喷施。浇水需根据天气和番茄苗具体生长情况进行。（新疆　王淑兰　孟谦文）

甜荞麦高产栽培技术

荞麦是一种生育期短、救灾填闲的杂粮作物，荞麦适应性广，养分全，营养价值高。现将甜荞麦高产栽培技术要点介绍如下：

一、选用良种

可选用“泰兴荞麦”，也可选用引进良种，如“平荞2号”“榆荞2号”等。

二、合理倒茬

荞麦不宜连作。荞麦连作一是病虫害增多、二是地力消耗大。因此，为了荞麦及后作高产，必须合理轮作，其茬口最好安排在豆类、根茎类作物之后。

三、深耕整地

深耕是荞麦高产的一条重要经验和措施，一般耕深10~15厘米。深耕能熟化土壤，加厚熟土层，提高土壤肥力，既利于蓄水保墒和防止土壤水分蒸发，又利于荞麦发芽、出苗及生长发育，还可减轻病、虫、杂草对荞麦的危害。

四、适期播种

1.播期：江苏省泰州市高港区甜荞麦适宜播期为立秋前后，以确保在早霜之前成熟。

2.种子处理：荞麦种子处理主要有晒种、选种、浸种和拌种几种方法。

（1）晒种。可改善种皮的透气性和透水性，促进种子后熟，提高酶的活力，增强种子的生活力和发芽力，提高种子的发芽势和发芽率。

（2）选种。剔除空粒、秕粒、破粒、草籽和杂质，以提高种子的发芽率和发芽势。

（3）浸种。有促进种子发育的作用，用35℃温水浸15分钟后播种，效果良好。

（4）药剂拌种。这是防治蝼蛄、地老虎、蛴螬等地下害虫和病害极其有效的措施。药剂拌种宜在晒种和选种后进行。

3.播种方法：播种方法主要包括条播、点播和撒播。一般采取条播，因为条播质量较高，有利于合理密植及群体与个体的协调发育，从而提高荞麦产量。

4.播种深度：播种不宜太深，播种太深难以出苗，但播种太浅易风干。播种深度宜掌握在4厘米左右，高沙土可适当深些。

5.播种量：具体的播种量是根据土壤肥力、品种、种子发芽率和播种方式来确定的，一般情况下荞麦适宜播种量为每亩2～3公斤。

6.留苗密度：泰州市高港区荞麦为插空填闲种植，留苗以每亩4万～5万株为宜。

五、科学施肥

甜荞麦的施肥原则：施足基肥，适当追肥，控制氮肥，增施磷、钾肥。基肥以有机肥为主、化学肥料为辅。对于土壤肥力不高的田块或玉米茬地等，应重施基肥，一般每亩施草木灰1000公斤、磷酸钙15公斤、硫酸钾10公斤和尿素3～5公斤。苗肥、花肥根据田间长势而定，一般宜用速效性肥料，如每亩施尿素5公斤，选择在阴雨天气进行。

六、中耕除草

中耕除草次数和时间根据地区、土壤、墒情及杂草多少而定。中耕有利于疏松土壤，增强土壤通透性，蓄水保墒，提高地温，促进植株生长。

七、辅助授粉

甜荞麦为异花授粉作物，一般结实率较低，因此，要采取人工授粉。可在盛花期每隔2～3天，于上午9～11时，用1条软绵绳，两人各执一端，沿荞麦顶部轻轻拉过，摇动植株，使植株相互接触、相互授粉，从而提高结实率和产量。

八、防旱降渍

甜荞麦需水较多，开花结实期遇干旱天气应及时浇水，以利开花结实，多雨季节和低洼田块要及时排水降渍。

九、及时收获

一般全株2/3籽粒成熟，即籽粒变褐色呈现本品种固有的颜色时为适宜收获期。泰州市高港区收获期一般在10月下旬至11月上旬。荞麦遇霜后籽粒会严重脱落，因此，要根据天气情况及时采收。为保证籽粒含水量在15%左右，收获之后应立即脱粒，然后严格精选，除去杂质，提高净度。（江苏　唐晓庆　孔明生　孔宝贵）

迷你型萝卜栽培技术

迷你型萝卜是一种小型萝卜，生育期较短，肉质根生长迅速，每茬生长期不足1个月，根皮深红色，色泽美观，可以生食、炒食或腌渍，风味独特，是优质无公害蔬菜，深受消费者欢迎。现将其栽培技术介绍如下：

一、品种选择

目前国内尚无大规模推广的迷你型萝卜品种，进口品种主要有日本的“二十日大根”和“四十日大根”两种，其中又以“二十日大根”栽培更为普遍。这两个品种的肉质根均为圆形，直径2～3厘米，充分膨大的单根重15～20克（商品成熟要求单根重10～12克），根皮红色，肉为白色，株高20～25厘米，适应性强，不耐热，适宜于早春、秋季露地和冬季保护地栽培。两者主要区别为：“二十日大根”喜温和气候，生长期20～25天；“四十日大根”抗寒能力较强，生长期30～35天。本文以“二十日大根”为例，简要介绍其栽培技术要点。

二、土壤要求

迷你型萝卜肉质根较小，生长期短，应选择质地疏松、排灌良好的沙壤土，对土层厚度要求不严格，深度在20厘米以上即可，土壤中不能有石块、瓦砾等杂物，以避免肉质根出现分叉等畸形。不宜选择种植多年的熟菜地，因其表土较为肥沃，而且一般氮素偏高，容易引起叶片旺长，造成营养失衡，多生须根，从而影响根部正常膨大。此外，熟菜地残留病原物、害虫基数较多，易发生病虫害。

三、整地做畦

迷你型萝卜栽培在适宜的土壤里，肉质根才能根茎肥大、形状端正、外皮光洁、色泽美丽、品质良好。因此，整地要求深耕晒土、平整细致、施肥均匀，才能促进土壤中有效养分和有益微生物的增加，并能蓄水保肥，有利于根对养分及水分的吸收。施肥以基肥为主，一般不需追肥，可一次性施入有机肥和复合肥，一般每亩施腐熟厩肥2000公斤左右做基肥。施肥如不均匀，容易造成局部肥害。整地后做成平畦，畦宽1～1.2米，以方便田间管理为准。

四、播种

露地播种，春季一般在3月中下旬至4月下旬，秋季在8月上旬至10月初，温室栽培可以安排在10月中旬至3月上旬。深冬气温较低时，播种前7～10天闭棚烤地，棚内地温稳定在5℃以上时播种。夏季由于高温多雨，肉质根品质差，不宜种植。为了便于采后及时加工处理，宜采取分批错开播期方式。播前3～4天浇足底水，水分均匀渗下、表土稍干时整平地面播种。行距15厘米、株距3厘米，播种深度1.5～2厘米，每亩播种量1000～1200克。

五、田间管理

迷你型萝卜生育期短，田间管理相对比较简单。露地栽培出苗前如遇雨天，可能造成土壤板结，应及时松土，使发芽的种子顺利出土。苗期少浇水，有利于抑制地上部徒长。从破肚到肉质根形成约需15天，这期间要保持田土湿润，不过干也不过湿。浇水要均匀，土壤含水量以70%～80%为宜。若水分不足，会使肉质根的须根增加，造成外皮粗糙、辣味浓、糠心等现象。冬季保护地栽培要注意保温防寒，出苗后白天保持15～20℃，夜间8～10℃，不能低于5℃。幼苗破肚后、肉质根膨大期白天棚温保持13～18℃。生长期间一般可不追肥，如果植株过分矮小或叶片颜色发黄，可随浇水施用少量速效氮肥，并喷施0.3%磷酸二氢钾溶液。及时中耕除草，有利于土壤保持疏松，防止表土板结，促进肉质根的正常膨大。

六、主要病虫害防治

1.猝倒病：在多次重茬地块苗期容易发生，一般出苗后5～6天内发病。简易防治方法：将农家加工泡菜、酸菜用的泡菜水兑入少量活性乳，按1∶（4～5）的比例加水稀释，每2～3天喷雾1次，利用其中的乳酸菌可有效抑制该病的发生。

2.黑斑病：真菌性病害。发病前，用75%百菌清500～600倍液或50%速克灵粉剂1500倍液，每5～7天防治1次。发病初期，喷洒50%多菌灵800倍液，每周喷1次。

3.蚜虫、菜青虫：高温干旱时易发生，注意及时抗旱浇水，虫害初期用2.5%溴氰菊酯2000～2500倍液喷雾防治。

七、采收

迷你型萝卜春秋季栽培一般生长20～22天即可采收，冬季寒冷季节生长期可达28～32天。肉质根直径在2厘米以上、单球重10～12克时要及时采收。采收过早影响产量，过迟则肉质根纤维量增多，易产生裂根、糠心，影响产品质量。收获前先浇水，使土壤松软潮湿，收获时茎叶连同肉质根一同拔起即可。采收后挑

选色泽鲜艳、形状匀称的肉质根，带叶洗净，即可上市销售，一般商品产量可达1公斤/平方米。（山东　袁小强）

早熟田藕高产栽培技术

早熟田藕在6月底至7月下旬就可采收上市，此时市场货源紧缺，藕价是秋后的2倍，经济效益好，值得大力推广。现将其高产栽培技术介绍如下：

一、选用良种，适时开采

常用的早熟莲藕良种有湖北的“六月报”、“201”、“202”、“203”和“江苏花藕”等。移栽前3～4天开采，时间约在3月底。每亩用种量250～400公斤。

二、选好藕田

利用稻田种藕，必须选择常年有水、不受干旱影响且泥深达0.5米的稻田作藕田。

三、深翻改土，重施基肥

冬闲田应翻晒过冬，同时重施基肥，可每亩施鸡粪1000公斤或猪牛粪2500公斤，如果有沼肥，一般每亩需施沼肥10～15吨。通过翻耕将底肥和田里的泥土拌和均匀，使拌肥土厚度达到15厘米。藕属根茎作物，生长期内追肥过多，作物很难吸收完全，所以底肥应占整个施肥量的90%左右。常年藕田，每隔3～4年要进行轮作。

四、适时定植，合理密植

4月上旬定植，株行距为1.2米×2米或1米×1.5米，粗藕稀植。定植一般采取斜栽法，具体方法是先挖15厘米左右的深沟，将种藕斜放于沟内，藕头向下，藕尾露出泥面长8厘米，同行藕头方向一致，行与行方向相反，田埂四周藕头向内。

五、加强田管

1.合理追肥：4月中旬田藕开始抽叶，结合藕田除草及时追施苗肥，可每亩施尿素10公斤；5月上中旬追施膨藕肥，此时叶片开始封行，可每亩追施复合肥25公斤，防止早晨露水施肥。

2.分期控水：萌芽期浅水促分枝，促早出立叶，一般水深5～10厘米，防止断水；茎叶生长期水深20厘米；膨藕期干湿交替。

3.及时除草：抽生叶片后及时除草，主要是人工耘田、拔草。

4.防治病虫：主要是蚜虫、斜纹夜蛾和食根金花虫，可采用40%氧化乐果喷雾2～3次，食根金花虫可用3%呋喃丹2.5～3公斤撒施藕田防治。

5.储好种藕：种藕需在田里储藏到次年3月底开采。藕种不宜洗净，以防失水和表皮变色。（江西　王清明）

豆瓣菜水旱轮作设施生态栽培技术

豆瓣菜食用部分为植株的嫩茎叶，在大棚内生长速度快，一次种植，多茬采收，产量高，可实现春节前后上市，填补了节日期间市场短缺，增加了种植品种和种植效益，适合在设施蔬菜基地规模种植。因豆瓣菜喜凉怕热、喜湿怕旱，茎节易发生不定根，最好采取扦插繁殖或水培。江苏省丹阳市园艺站引进扬州大学的设施蔬菜水旱轮作生态栽培技术，即在旱生主茬蔬菜间2个月左右的空茬期间抢栽水生蔬菜豆瓣菜，以达到通过水淹而洗盐压盐、淹杀危害旱生蔬菜的病虫草害的目的，能有效地治理大棚设施连作障碍，是一种新型高效设施栽培模式。

一、茬口安排

9月至翌年3月，即在旱生蔬菜越夏茬结束之后至翌年春茬开始之前种植水生蔬菜豆瓣菜，单茬时间30～50天，供应秋冬、早春市场，能获得较高效益。翌年3月（采种的为5月）后即可种植其他旱生蔬菜，可有效实现水旱轮作。

二、栽培技术要点

1.培育壮苗

（1）苗床选择。选择土层深厚、排灌良好、土壤肥沃、保温性能良好的大棚进行育苗。耕耙、整地，苗床内施入充分腐熟的有机肥，做成宽1.2米的畦，畦面土壤细碎平整，浇透水，待水分渗入土中后播种。

（2）适时播种。豆瓣菜用种子繁殖的，一般在9月气温20～25℃时播种育苗。江苏省丹阳地区11月连栋棚内套用小拱棚温度保持在20℃以上时，仍能播种育苗。由于豆瓣菜种子细小，需混拌1～2倍细土撒播。播后撒盖一薄层过筛细土。一般60平方米苗床播种100克，可满足2～3亩大田的用苗量。

（3）苗期管理。出苗前，每天灌水，适当浸灌，水不要上畦面，保持土壤湿润即可，要避免出现土壤板结，影响出苗。在出苗30天后、苗高12～15厘米时，即可移栽大田。在此期间要注意苗畦人工除草。

2.整地施基肥

选用地势较低、排灌方便、土质肥沃疏松的田块栽植。栽前浅水耕耙，结合翻耕，每亩施入腐熟有机肥3000公斤或厩肥5000公斤作基肥，并做成1.2米宽的畦面和35厘米宽的畦沟，畦面须耙细耱平，灌水使畦面充分湿润但无水层，畦沟中始终有水浸润。

3.移栽定植

长江流域豆瓣菜一般10月中旬定植，在丹阳地区采用保护地栽培也可在12月定植。要选用苗茎较粗、节间短、绿叶完整的壮苗移栽。栽苗时要将阳面朝上，基部两节连同根系斜栽，以利于成活。一般株行距为10厘米×15厘米，每穴以栽植2～3株为宜。

4.田间管理

（1）水温管理。定植后垄面保持1～2厘米的薄水层，以后随着植株的生长，水位可逐渐加到3厘米左右，但不可超过5厘米，以防止锈根，同时抑制杂草生长和保温。为加速豆瓣菜生长的速度，可在大棚内增设小拱棚，以保持温度在15～25℃。

（2）合理施肥。定植后30天左右即可开始采收，每收获一次要及时追施一次速效肥，可每亩施尿素15公斤，也可用0.5%的尿素液喷施叶面。

（3）病虫害防治。冬栽豆瓣菜病虫草害极少，主要虫害有蚜虫、小猿叶虫、黄曲条跳甲。可分别用10%吡虫啉可湿性粉剂1500倍液、50%辛硫磷乳油1000倍液、90%敌百虫可溶性粉剂和晶体敌百虫1000倍液防治。病害主要有叶枯病、锈病。叶枯病可喷70%代森锰锌500倍液或75%百菌清可湿性粉剂600倍液、锈病可喷15%三唑酮可湿性粉剂1500倍液防治。

5.及时采收

株高25厘米时开始采收。可逐株采摘嫩梢，采后逐把捆扎，或距离地面3～5厘米留茬收割。采后施追肥促下茬生长。一般每亩每茬可采收2000公斤，可收3～4茬。

6.留种

豆瓣菜3月中旬现蕾，4月初结荚，5月荚果成熟。收种子宜在早、晚进行，防止荚果开裂、种子散失。收种后晒干置于阴凉通风处收藏，不可置于烈日下暴晒，以防高温影响种子的发芽率。（江苏　帅建华　王辉琼　眭辉金　张凯　陈道源）

木耳仿野生栽培技术

木耳仿野生栽培，就是将人工培植的木耳栽培袋人为地放在野外让其自然生长。一般是将木耳袋摆放在野外的林冠下，减少人为干预，因此生产的木耳产量高、品质好。吉林省长白山林区的广大木耳栽培户在生产实践中摸索发明了该项木耳仿野生栽培技术，即大袋多眼木耳的林下栽培技术，经济效益、生态效益和社会效益显著，极具推广潜力。

一、技术特点

1.林下栽培：

（1）不占用耕地，不破坏植被。

（2）林下环境适合木耳生长。黑木耳是一种好气性真菌，树木光合作用释放出的大量氧气，可供木耳生长需要，加之木耳原本就喜爱潮湿、阴凉的地方，所以木耳在林木的遮阴下生长快、产量高、质量好。

（3）在林下栽培木耳每天只需浇1次水，省工省力。

（4）栽培时间长。在林下未经阳光暴晒的木耳袋不易老化和脱袋，比全光露地栽培的时间长。

（5）浇灌木耳的同时，也能滋润树木生长。

2.大袋：

当前，一般木耳栽培户用的是17厘米×35厘米的塑料菌袋，装完料后菌袋直径为11厘米、袋高20～21厘米，袋重1.1～1.2公斤；仿野生栽培户使用的是17厘米×38.5厘米的塑料菌袋（栽培户称为大袋），装完料后菌袋直径为11厘米、袋高24厘米，袋重1.75公斤，装料比普通栽培的要多，因此栽培时间也更长。一般在5月初下地，到10月中旬结束，比全光露地栽培时间长1个半月左右。进入9月后，就可采摘秋耳。一般每袋可产木耳0.1公斤以上，最高的可产木耳0.125公斤，比全光露地栽培多产木耳1倍多。

3.多眼（高密度扎眼）：

仿野生栽培每袋上的“钉子眼”多达500多个，保证产出的木耳无根、单片、小片和碗状，提高了木耳品质，从而提高了木耳售价。

二、栽培技术要点

1.原料配制：

原料配方：锯木屑85.3%、麦麸5.6%、稻糠5.3%、豆粉1.2%、玉米粉1.2%、石灰粉0.7%、石膏粉0.7%。

锯木屑需要用硬杂木的锯木屑，其粗细锯末的比例为1∶3。

2.装袋：

菌袋可选择17厘米×38.5厘米的高密度聚乙烯菌袋。装料时力求装紧，避免袋与料之间出现空隙。不能使用老式的立式装袋机。

3.灭菌：

因为菌袋大，所以对灭菌要求较高，最好使用灭菌效果较好的铁箱式灭菌锅。一般要求在104℃温度条件下保持10个小时。

4.接种：

可选用巨峰、翰元等品牌的菌种，这些品牌的菌种与其他菌种相比有生长期长、朵小等特点，且均为早熟品种。一般在菌丝快长满袋或刚长满袋时划口，就可以出耳，此时产量也最高，如果划口不及时，就会影响木耳产量。

5.养菌：

养菌与普通栽培的养菌方法一样。接种后，开始的7天培养室温度以25～28℃为宜；7天后一般料温高于室温，为防止烧菌，培养室应降温至20～25℃；当菌丝长满袋后，培养室温度应降至20℃左右。养菌10天后，开始早晚各通风半小时以上，保持室内黑暗，有利于菌丝生长。空气相对湿度控制在45%～60%。

6.扎眼：

栽培袋的划口方法是扎“钉子眼”，但是需要开两次口，第一次开口与普通方法一样，一般扎150多个。第一次扎口后3～4天，在菌房内用专门的二次开口机再开一次口，使整个菌袋布满小口，达到500多个。开口后，直接下地摆袋，因为划口后菌丝受到损伤，如果马上淋雨或者浇水，划口处就会被杂菌侵染，造成污染或不出耳，所以划口4～5天内要防止被雨浇，下地前要注意收看天气预报。

7.栽培场地：

栽培场地要选择无污染源、地势平坦、土壤不积水、水源方便、通风良好、自然整枝良好、林下杂灌木稀少、郁闭度在70%以下的林地。

将林下的灌丛杂草除掉，除草也可用除草剂，上面铺上一层地膜，包括摆袋地和作业道，可防止木耳沾上泥土和水分蒸发，并控制杂草生长。不用专门做出菌床，摆放菌袋的地块宽约2米，长度以场地的长度为限，地块之间留出0.5米宽的作业道，菌袋按每平方米25袋的标准摆放。

8.田间管理：

在干旱季节，每天可于早上或晚上浇水半小时。在下雨较勤的年份，整个栽培期浇水不宜超过5个小时。

9.采摘：

仿野生栽培的木耳出耳齐，但耳根较小，采摘时要轻拿轻放，避免碰掉没成熟的木耳。（吉林　张玉钢　林吉鹤）

甘蔗间作马铃薯主要技术

1.品种选择

甘蔗品种，选择直立性好、前期生长慢、后期生长快的高产高糖品种如“03/83”“云蔗99/91”“93/159”“97/18新台糖20号”；马铃薯品种，选择生育期短、产量高、适应性强的“合作88”“爱德53”。

2.选地、整地

选择疏松、肥沃、通透性好、排灌条件好的沙壤土。利用农机深耕细耙，及早晒田，整地要达到“深、松、细、平”的要求，并在四周开挖排灌沟，田块大的要在田中心挖排灌沟，可做成“田”“目”“日”字型。

3.种子处理

甘蔗种砍成双芽苗，用5%的石灰水进行浸种处理后再下种。马铃薯种在干燥通风地面上自然催芽，发现烂薯、病薯及时拣出。在播种前一天或当天，用刀将马铃薯种薯顺顶芽到脐切开，保证每块种薯有顶芽和1~2个侧芽，平放在干燥的地面上，用雷多米尔（68%水分散粒剂）50克和农用链霉素（72%可溶性粉剂）10克兑水25公斤喷洒切口进行消毒杀菌，待伤口愈合后再下种。下种时种皮接近土壤，切口向上，如果种薯水分过大，可通过阳光杀菌消毒，使切口收缩后再盖土，切记不能一次完成盖土。种植时先把复合肥、生物肥、硼肥、地虫灵放在穴的一边，再把种薯放在穴的另一边，每穴放一块种薯，用腐熟的农家肥盖种，最后覆盖5厘米厚的一层细土即可。

4.适时下种，合理密植

新植蔗间作马铃薯的最佳时间为11月上旬到12月上旬。马铃薯行距为110厘米的采用单行种植，株距18～20厘米，每亩下种量以3100株为宜；马铃薯行距为120厘米的采用双条播成“品”字形摆放，株距30厘米，每亩有效株不低于4000株。马铃薯种植完后在行间种植甘蔗，甘蔗沟底宽30～35厘米，沟深35～40厘米，用种量以每亩7000～8000芽为宜，采用双行接顶或三角对空下种，芽朝两侧摆放，翻沟盖土3～5厘米，盖成“板瓦”形，用阿特拉津药水封闭，盖好薄膜。地膜要求紧贴地面，拉紧、拉直，两边压实，保证透光面20厘米。马铃薯墒面用“施田补”除草剂喷洒封闭除草。

5.加强水肥管理

马铃薯、甘蔗都是需肥量较大的作物。根据丰产试验，底肥施肥量为：马铃薯每亩施腐熟优质农家肥1000公斤、西洋牌复合肥40公斤、普钙50公斤、硫酸锌1公斤、硼肥2公斤、地虫灵2公斤。当下种20天左右时，视田间土壤干湿情况，马铃薯出苗后灌一次浅水；马铃薯苗长至6～10厘米时，及时除去幼弱的小枝，每穴留2～3个壮苗，苗长至20厘米时，每亩用20公斤尿素施在距株根5厘米处，围着株苗撒一周，结合中耕除草用沟土对整个墒面进行一次培土，培土后灌一次水；花期是马铃薯的产量增长最重要的时期，要注意水肥管理。

6.马铃薯收获与甘蔗小培土

在马铃薯收挖前，先揭去甘蔗地膜，并除去甘蔗沟中的杂草。收挖马铃薯后进行甘蔗施肥，每亩施尿素20公斤、复合肥50

公斤，同时每亩施地虫灵4公斤，以防治地下害虫。小培土灌水一次，促进甘蔗分蘖。挖马铃薯时，早上采挖，在地面上晒晾至下午5点后，薯块按70～250克和250克以上两个等级分装。挖薯结合甘蔗施肥培土同时进行。（云南　孙全昌　陈灿）

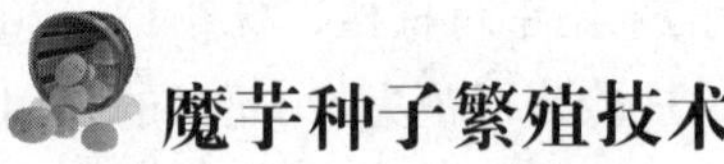

魔芋种子繁殖技术

魔芋通常用地下球茎或芋鞭（根状茎）进行无性繁殖，繁殖倍数较低，一般仅有4～5倍。我们经过多年研究，利用开花结实的实生种子作为繁殖材料进行繁殖，成本低，繁殖倍数高，种芋具有带病少、年龄低、膨大倍数大等优点，且方法简单易行。

一、开花球茎的选择及种植

魔芋经3～4个生长周期开花一次，而不是每个生长周期都能开花。因此，在11月份大田收挖地下球茎时，其中芽窝很深、表皮粗糙、芽苞较大的即为开花球茎（俗称公魔芋）。选择块茎重达1公斤以上、无病、无伤的大球茎分开收藏，次年3月，选择园边地角或房前屋后，将球茎紧靠密植，尽可能少占面积，盖土10厘米厚，然后再盖一层稻草。4、5月份开花，如天旱少雨、空气湿度小，需浇水或遮阴，以利开花授粉和种子膨大。

二、种子采收及储藏

魔芋整个果穗上浆果由绿变红，说明种子已成熟，应及时采收，除去果肉，将种子取出，洗净、精选、晾干，放阴凉通风处，或采用与干沙混合箱装储藏，表面用纸板覆盖。也可现收现播。如大田生产中出现开花结实种子，一齐收获储藏。一般每个果穗可收获种子100粒左右，多的可达400粒以上。

三、苗床地选择

选择有机质丰富、土层深厚、病虫少的沙质土壤，翻挖晒垡1周，每亩施入充分腐熟的农家肥2000公斤、生石灰50公斤，打碎后做厢，厢面宽1.2米，沟深30厘米、宽40厘米，做到厢平、土细、沟畅通。

四、播种育苗

3月份气温回升后即可播种。采用横向开沟条播，播幅30厘米，每米播种15～20粒，播种必须均匀，播后盖土5厘米厚，每亩撒施地虫灵1公斤后用稻草、麦秆或落叶覆盖，浇一次透水。如气温仍较低，须加盖黑色地膜，出苗时去除。出苗前以保持土壤潮湿为宜，尽量少浇水或不浇水，以免烂种。

五、苗期管理

1.追肥。魔芋4月份出苗，此时不宜施化肥，因苗幼嫩，易产生肥害，可用清粪水浇施。5月后每月施肥1次，每亩施复合肥（氮：磷：钾=15：15：15）50公斤，用清粪水溶解后浇施。

2.除草。魔芋虽有覆盖物覆盖，但仍有少量杂草生长，需早除、勤除。要选晴天采用人工方法进行除草，尽量避免伤及魔芋幼苗叶片和根系。

3.虫害防治。魔芋虫害主要是甘薯天蛾、豆天蛾、金龟子、蚜虫，应重点防治，注意观察，一旦发现虫害，即用敌杀死、功夫等农药喷雾防治，并结合追肥，再毒杀地下害虫1次，预防幼嫩球茎受害。

4.病害防治。魔芋生长期的主要病害是白绢病、软腐病、根腐病、叶枯病。一旦发现病害，可用1000万单位的农用链霉素，或50%代森铵、50%甲基托布津、叶枯宁每15天喷1次，并交替使用。

5.种芋收挖。植株枯黄倒苗后1个月，球茎须根自然脱落，植株停止生长，球茎即已成熟，应选晴天收挖地下球茎。单个球茎重一般为50～150克，最大可达600克。收挖、托运时，注意尽量避免机械损伤。种芋风干失水20%后集中储藏。（湖北　杨玉凤　陈宗军　李波利）

黄姜栽培技术要点

黄姜学名盾叶薯蓣，为多年生草质藤本植物，在我国分布范围较广。黄姜投入少，产量高，见效快，有效皂素含量可达12%，作为中药材，具有十分重要的药用价值和经济价值，被称为“药物黄金”。现将其栽培技术要点介绍如下：

一、整地施肥

黄姜在土层为15厘米的山地、缓坡、川塬地均可种植，选择保水保肥能力强、排灌方便、未种过黄姜的地块，栽前先深翻20～30厘米，打碎土块，捡净石头、杂草，结合整地一次性每亩施尿素5公斤、草木灰30公斤、磷肥50公斤、优质腐熟农家肥1500公斤做底肥。

二、选种及处理

1.选种：选择无霉烂、无冻害、生命力强、萌发力强的1年生姜块做种姜，切成3～5厘米长的小块，每块保留2～3个健壮潜伏芽。及时用草木灰对分蔸掰下后的断面进行涂抹消毒，保存待用。

2.种姜处理：一般每亩应备种姜180～200公斤。播前将种姜放在20℃的室温内摊开晾置1～2天，等到伤口愈合后，用高锰酸钾200倍液浸种10～20分钟后晾干，再每亩用0.5公斤生物钾肥或生物菌肥拌种，然后播种。

三、适期播种

播种可选择在3月上旬春播或在9月～11月秋播，以秋播为最佳。播种应选在晴天进行，种植深度8～10厘米，每亩种植6000～8000株。种植方法以垄作为主，按60厘米行距开沟做垄，垄高15厘米左右（或采用地膜覆盖，以提温保墒），垄面宽40厘米。每垄种植两行，行距20厘米、株距28～37厘米，呈三角形不对称放置种植。

四、田间管理

1.追肥浇水：苗期每亩追施尿素8～10公斤，膨大期每亩追施尿素10公斤左右，结合每次追肥进行浇水。在干旱的情况下，一般每隔5～7天浇水1次，使土壤保持湿润状态。

2.除草：在黄姜出苗前，每亩用10%草甘膦水剂0.75公斤加50%丁草胺乳油200毫升兑水50公斤喷雾；在黄姜生长旺季，每亩用10.8%高效盖草能10毫升兑水40公斤喷雾，既可以抑制杂草生长，又有利于增产。

3.搭架：在黄姜高30厘米左右时搭架，架的高度为1～1.2米，每2～3窝搭1个架杆，搭架后将3～4根绑在一起，以防风抗倒。

4.病虫害防治：对黄姜苗期和生长后期危害地下茎和地上茎的地老虎，可采用90%敌百虫原药200克加适量水，拌炒香的麸皮5公斤做成毒饵，于黄昏时均匀撒在地面进行毒饵诱杀，每亩用量2～2.5公斤。对易发根腐病的田块，每亩用70%地磺钠可溶性粉剂25克兑水30～50公斤灌根。

五、适时收获

在陕西省宝鸡市，人工栽培黄姜在种植第3年后进入收获期，一般以秋末（11月份）及时收获为宜，此时收获的黄姜产量

高、品质好、商品性好，且耐储藏。（陕西　刘雅宁）

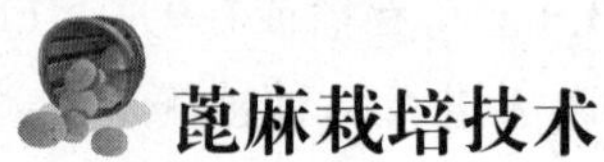

蓖麻栽培技术

蓖麻是重要的油料作物和能源作物。蓖麻籽含油率高达46%～56%。蓖麻油具有特殊的稳定性，是航空、航天重要的润滑油。蓖麻油的深加工产品多达3000余种，癸二酸、尼龙11等是当前国际市场上的走俏产品。蓖麻油还是生产生物柴油的重要原料。因此，人们将蓖麻称为“可再生的石油资源”。

蓖麻在我国的种植分布没有明显划分，南起海南岛、北至黑龙江均有栽培。由于蓖麻杂交种具有耐干旱、耐瘠薄、耐盐碱、抗病虫、适应性强、管理简单、投入少、效益高、销售容易等突出特点，因此无论是大田还是丘陵地、山坡地、盐碱地甚至地头堰边、房前屋后都可种植，且栽培技术简单、容易掌握。

蓖麻根系发达，有粗大的直根和3～7条较大的侧根，直根入土深达2～4米，侧根平展可达1.5～2米，对土壤的适应能力较强，一般土壤只要排水良好均能生长，对前茬作物要求不严格，在旱薄地上栽培也可获得较高的经济效益，在可耕地上作旱作栽培则可大幅度提高产量和效益。现将蓖麻栽培技术介绍如下：

1.地膜覆盖

地膜覆盖是一项既增加产量又节约投资的有效措施，一是可提高早春地温，从而使生育期延长15天左右；二是可保持土壤湿度；三是可防止杂草，节省人工。覆盖地膜每亩只需花费20～30元，远远低于除草、浇水的费用，在水浇条件差的地区及旱作栽培条件下地膜覆盖是一项尤为重要的技术措施。

2.播种

华北以南地区以3月下旬～4月上旬为宜，东北及内蒙古产区以4月中下旬为宜，其他地区根据气候情况确定。华北以南地区栽培行距100～120厘米、株距70～80厘米，每亩栽700～900株；东北、西北及内蒙古产区栽培行距100～120厘米（可隔垄种植）、株距60厘米，每亩栽900～1000株。肥地宜稀，旱薄地宜密。每穴播2～3粒种子，覆土深度4～5厘米。为确保一次播种全苗，应足墒播种，墒情不足时挖穴浇水播种。另外，在无霜期较短的地区，采用营养钵育苗移栽可延长生育期，进而大幅度提高产量。

3.查苗、补苗、定苗

蓖麻在幼苗期（3片真叶前）移栽容易成活，发现缺苗要及时移栽补苗。定苗于3～4片真叶时进行，每穴留1株。定苗太晚会形成弱苗，影响产量。

4.施肥

在土壤肥力较差的地块，施肥可大幅度提高产量。底肥一般每亩施尿素6～19公斤、过磷酸钙25～42公斤、氯化钾5～8公斤、农家肥1000～2000公斤。追肥在第一主穗现蕾期，每亩施尿素3～9公斤、过磷酸钙12～18公斤、氯化钾2～4公斤。在土壤肥力较好的地块，可根据植株长势适量施肥。

5.整枝

有条件的农户可进行整枝。方法如下：于第一穗花现蕾后将靠近主穗的一级分枝留1～2叶摘心，花下保留2～3个一级分枝，其余分枝全部抹除。此后，视植株生长情况，确定二、三、四、五级分枝的留枝量。播种过晚时，可通过选用大穗型品种、加大密度和整枝三条途径来大幅度提高产量。密度可增加到每亩1000～1500株，一株仅保留4～5个分枝，其余分枝全部去掉。

6.植物生长调节剂的应用

在华北以南地区，夏季植株生长容易过旺，尤其是在肥力较好的地块常造成植株徒长，使营养生长和和生殖生长出现不平衡现象，严重影响产量。容易徒长的地块，可于植株长到50～70厘米时施用多效唑进行控制，效果非常理想。

7.采收

蓖麻杂交种（如淄蓖系列杂交种）具有蒴果不爆裂的特点，在东北、西北及华北北部地区可一次性收获，在华北以南地区应分批收获，方法如下：当果穗上的蒴果80%为黄褐色时整穗剪取，采收不可过早，以免影响产量及品质。采收后及时晾晒、脱粒，水分降至9%以下时即可装袋出售。（江西　段泽伟）

裸燕麦标准化栽培技术

裸燕麦，又名莜麦，是裸粒型燕麦的简称，属禾本科一年生草本植物，含粗蛋白15.6%、脂肪8.5%，并富含水溶性膳食纤维、多种维生素等多种营养成分及人体必需的8种氨基酸，是粮、药、饲兼用作物。

一、播前准备

选择除盐碱地之外的富含腐殖质的湿润土壤种植裸燕麦，前茬收获后及时深耕保墒，做到土壤平整细碎。选用优质丰产、适应性广、抗逆性强、抗（耐）病虫、商品性好的品种，如“品5号”“花早2号”“坝莜1号”“花中21号”“花晚6号”等。挑选大而饱满、发芽势强、质量好的种子作为播种材料。

二、科学播种

根据当地气候条件和耕作制度适期播种。春播裸燕麦一般在2月下旬至3月上旬播种。采用宽窄行、宽幅条播、间作、套种或零星点播种植，覆土深度3~5厘米。单作每亩用种量10~12公斤，行距20~25厘米、穴距10~15厘米。间作、套种视实际种植情况而定。

三、田间管理

1.中耕除草。从幼苗期至拔节期，视苗情，由浅入深进行2~3次除草，冬前培土保蓄水分，促根养蘖。裸燕麦拔节后至封垄前中耕1次（深度3~6厘米），适当培土，减轻地表水分蒸发，控制基部茎节徒长。

2.灌水排涝。苗期注意防旱排涝保墒，拔节至抽穗期应保证充足的水分供应，可视干旱出现时期及程度浇灌1~2次抽穗扬花水，做到以水养根，保护叶片防早衰，达到以叶保粒的目的。灌浆后期若遇雨水偏多，应及时排水防涝，预防贪青晚熟或倒伏。

3.合理施肥。重施基肥，分期追肥，基肥占总追肥量80%以上。播种时，每亩施腐熟厩肥800~1000公斤作种肥。4叶期至冬前，结合中耕除草，每亩追施尿素5~7.5公斤作分蘖肥，促分蘖早生壮发。以后追肥应视苗情而定：壮苗可在基部第2节基本定长时追肥1次；弱苗可分别在拔节期和孕穗期各追肥1次，每次每亩追施氮磷复合肥10~12公斤。对于坝区生长良好的裸燕麦，拔节孕穗期追肥要以控为主，促控结合，切忌过量施用氮肥，以免导致后期倒伏。抽穗成熟期如出现早衰迹象，每亩叶面喷施0.1%~0.3%磷酸二氢钾液50~75公斤。

4.病虫防治。合理布局，适期播种，轮作或间作套种，深翻土地，清洁田园，清除带病虫植株残体等措施都可以降低病虫危害。选用40%拌种双可湿性粉剂预防黑穗病。取洋葱皮与水按

1：2的比例浸泡24小时，过滤后取汁稍加水稀释喷雾，可防治蚜虫和红叶病。黏虫大发生时，幼虫3龄前及时选用2.5%溴氰菊酯乳油2500～3000倍液喷雾防治。燕麦抽穗成熟期，可用25%三唑酮可湿性粉剂水溶液喷雾防治冠锈病、秆锈病。

四、适时采收

当裸燕麦麦穗由绿变黄，上中部籽粒变硬，表现出籽粒正常的大小和色泽时应及时收获。采用本技术，一般每亩可产300公斤左右。（云南　韩学瑞　丁云双）

芝麻高效轻简栽培技术

长期以来，芝麻因种植方式不科学而导致产量低、经济效益差。下面给大家介绍一种用工少、效益高的芝麻轻简高效栽培技术。

1.轻简化施肥、播种

头季作物收获后，撒施肥料，可每亩施45%复合肥25公斤，新垦红壤旱地可适当增加用量，多年种植的熟地或早稻田应适当减少用量，用旋耕机旋耕深15～20厘米。如果前茬作物留茬较长且较多（如小麦茬），旋耕一次后，过7天左右需再撒施基肥并耕第二次。旋耕后再每亩撒播芝麻种子0.4公斤，播种后将旋耕机调至耕深3～5厘米，进行旋耕盖种。

2.轻简化中耕、间苗

播种后，喷洒一次芽前除草剂，一般每亩用72%都尔乳油100～150毫升，兑水50公斤均匀喷洒土表。芝麻出苗后长至有2～3对真叶时，再撒施追肥，可每亩撒施45%复合肥25公斤。追肥后用锄头中耕，即结合中耕施肥、除草，除去部分芝麻苗，将撒播的芝麻苗锄成条播状，以达到同条播一样的通风透光效果，同时间苗、除草、施肥工作又能同步完成。芝麻锄苗宽度为35厘米左右，具体看田间芝麻出苗情况，一般夏芝麻（6月中旬播种）每亩保苗1.2万～1.5万株即可，秋芝麻（7月上中旬播种）每亩保苗2万～2.5万株即可，肥水条件较好的田块取下限，肥水条件较差的田块取上限。

3.轻简化管理

芝麻属于耐渍耐旱作物，病害是影响其产量的主要因素，常常会因病害而导致芝麻颗粒无收，因此，田间管理防病是关键。芝麻进入花期（7月上、中旬），一般是枯萎病、青枯病发病的高峰期；进入成熟期（9月中旬左右），一般是茎点枯病、青枯病发病的高峰期。芝麻病害应以预防为主，上述两个时间段应根据天气形势，选择雨前头一两天的晴好天气，喷洒800倍的70%甲基托布津与3000倍的72%农用硫酸链霉素混合液，每个时间段根据芝麻发病情况喷药1～2次。成熟期喷药，若混合0.5%的磷酸二氢钾一起喷洒，能起到抗衰老、提高千粒重的作用。（江西 魏林根　肖运萍　汪瑞清）

花生微膜覆盖的关键技术

花生微膜覆盖栽培技术具有增温保温、改善生态环境、减少土壤水分蒸发、调节土壤水分、保持土壤疏松、减少养分流失、提早播期、缩短生育期的作用，省肥、省工、增产。其关键技术是：

1.施好底肥

平坦的地块开施肥沟或施肥窝，坡地挖施肥窝，沟和窝都不能太疏松。施肥从高到低，沟施和窝施肥料都必须缓缓倒入沟或窝中。施完后立即覆土盖窝，掩没肥料，以避免肥料流失、挥发。

2.精细播种

一是土壤要有足够的墒情；二是土面要平整；三是种子必须浸种催芽；四是种子“粉嘴”后立即播种，每窝播2~3粒，而且必须播在离施肥沟或施肥窝10~20厘米的地方，以防肥料伤害种子或幼苗；五是播种结束后立即捏肥球育苗，供补缺苗用，每球播种1粒，待幼苗2对真叶时再移栽于缺苗的地方。

3.喷洒除草剂

微膜覆盖花生栽培不宜中耕除草，施用的除草剂要对路，喷雾应均匀，不能重喷漏喷，避免药害和效果不佳，施后半小时盖膜。

4.适时正确盖膜

如遇土壤干旱，要等下雨后有足够的墒情或有条件的地方浇水达到足够的墒情后再盖膜。微膜要盖在播种区土面上，且不能偏移，微膜四周用土壤压严实，以利保温保湿，减少杂草滋生。

5.抓好破膜引苗出膜和查苗补缺

花生覆膜后，膜面吸热快，膜内温度高，管理不好易烧苗。对先盖膜后打孔播种的，花生出苗时及时将播种孔上的泥土向四周刨开，进行清棵，亮出幼苗子叶。发现苗、枝没有对准膜孔而漂枝的，要及时将苗枝引到膜外，亮枝炼苗，促进发叶长枝；对先播种后盖膜的，要及时分期分批破膜引苗，防止高温灼伤幼苗。在破膜引苗时，发现幼苗已出土弯腰，应轻轻扶苗出膜，再用细泥土盖严膜孔四周，防止漏气。播种后15天左右进行查苗补缺。（重庆　蒋泽国）

大球盖菇栽培技术

大球盖菇是联合国粮农组织向发展中国家推荐的十种食用菌新品种之一。该品种菇质脆嫩、适口性好、菇味清香柔和，干、鲜销均可，可与香菇媲美；加之栽培原料易得，管理简单粗放，深受菇农青睐。现将我们几年来总结的栽培大球盖菇成功经验介绍如下：

1.确定栽培季节

大球盖菇属中温型菌类，发菌温度为22～28℃，原基分化适温为10～18℃，子实体生长发育适温为13～25℃，所以按自然气温一年可在春、秋两季生产，一般秋栽于气温在30℃以下时播种，春栽于气温回升至10℃左右生产，有控温条件的地方可常年生产。

2.选择场地

该品种适应性强，不论在大田、林地，还是果园、边角隙地均可栽培，但无遮阴条件的地方应当用草帘或遮阳网遮阴，人为地创造“七阴三阳”的良好条件；覆土以偏酸性或中性的沙壤土为好。

3.原料的选择与处理

大球盖菇用纯麦秸或稻草不加其他辅料即可正常生长，但为了提高产量，增加效益，应配入麸皮或米糠等辅料。栽培实践证明，采用以下配方效果较好：稻草81.8%、米糠15%、三元素复合肥1%、石膏2%、食盐0.2%。配料时先将易溶于水的辅料制成水溶液，放入主料后浸湿浸透，沥出多余水分，将不溶于水的辅料（如米糠、石膏等）均匀地拌入主料中，然后建堆发酵。当料温达到60℃以上时，每天翻1次，共翻3次即可上床（或入畦）播种。

4.播种

播种采用层播或穴播均可。层播时，先铺10厘米厚的料，均匀地撒入占总量1/3的菌种，再铺第二层料，最后将余下的菌种撒于其上（温度高时可留通气孔），覆膜发菌即可。

5.发菌期的管理

发菌期的管理内容主要是保湿、控温、通风，保证发菌料温在25℃左右，若低于20℃，菌丝生长极慢，高于30℃菌丝生活力减退，甚至死亡。一般播种后3天菌丝开始萌发，30～40天菌丝“吃”透培养料，此时应覆以灭菌灭虫、湿润的沙壤土，待10～15天菌丝长出土面，土内菌丝逐渐形成菌束时，应及时通风保湿，促使菌丝倒伏，以利原基形成。

6.出菇管理

当原基逐渐发育成幼小的菇蕾时，应将温度控制在13～25℃，湿度控制在85%～95%，并做到每天通风2～3次，每次30分钟至1小时。7天左右子实体即可成熟。

7.采收

当发现子实体内膜即将破裂时，应及时采收。采收时用拇指、食指和中指抓住菇柄下部，并轻轻扭转，见松动后拔起，注意不要影响周围的小菇蕾。采收后及时切除菇脚，包装鲜销，也可以晒干或烘干包装销售。

8.采收后管理

子实体采收后，菌床上留下的残菇或菇柄应清理干净，穴洞及时用土补平，以免发生病虫害。其他管理同前。（山东　安保一）

果树生长季节修剪要领

一、修剪时期和次数

果树生长季节修剪可分为春季修剪、夏季修剪和秋季修剪三个时期。

北方地区春季修剪一般在3月中旬～5月份、夏季修剪在6～7月份、秋季修剪在8～10月进行。另外,修剪次数依树种、品种、树龄、树势、栽培管理技术及立地条件等而定。树龄时间长、树势旺盛、栽培管理技术高和立地条件好的园地，修剪次数宜多，反之则宜少。核果类果树如桃树，修剪次数为4～6次；仁果类果树如苹果,为3～5次；而浆果类果树如葡萄、石榴，则以6～8次为宜。

二、修剪方法和措施

生长季节修剪常采用的方法和措施有：

1.促发新梢的有摘心、刻伤、环割、拉枝等。

2.控制旺长、促进花芽分化的有扭梢、拿枝、捋枝、别枝、圈枝、环剥等。

3.节约养分、提高坐果率的有疏蕾、疏花、疏花序、疏果、环剥等。

4.开张角度、通风透光的有撑枝、拉枝、吊枝、坠枝、压枝、疏枝等。

三、修剪任务和目的

1.春季修剪

（1）调节果枝比（花前复剪）。对不结果、生长偏旺的树，采取花前复剪的办法，有抑制树势、促进花芽分化的作用，同时对大年树，疏去过多的细小果枝，留下粗壮的果枝，使果枝与营养枝的比例在1：（5～15），并形成结果枝、育花枝和长叶扩冠枝这“三套枝”。

（2）疏蕾和疏花（疏花序）。生产证明，疏果不如疏花，疏花不如疏蕾，早疏有利于节约养分，提高坐果率。对有些花量大、坐果率低的树种或品种，如石榴，从现蕾到盛花期，应将所有钟状花蕾（尖屁股花）一律用手抹去，对已开放的花，一律抹去钟状花，留下葫芦花或筒状花。葡萄的某些品种，开花前7～10天掐去花序的1/3～1/2,有明显提高坐果率作用。

（3）疏剪病虫枝。疏剪病虫枝一般与疏蕾、疏花同时进行。

（4）抹芽与除萌。在疏蕾、疏花的同时，也要抹除主干上位置不适当的萌发嫩枝，还要抹除主干下部的萌枝和萌蘖枝，以利通风透光，节约养分。

2.夏季修剪

（1）疏果。对坐果率高或留果量偏多的树种或品种，开花后2～3周要及早进行疏果，有防止树势早衰和改善果实品质的作用。

（2）疏枝。疏除密生的、徒长的和有病虫的多余萌枝。要求疏枝后树冠下光斑（日影）均匀分布于地面，光斑点的面积以占全树投影面积的10%～15%为宜。

（3）环剥。对树势过旺的大型辅养枝或主干、主侧枝，进行环剥处理，促进花芽分化，提高坐果率。环剥的宽度以控制在所剥枝干粗度的1/10为宜，否则不易愈合。

（4）扭梢、拿枝、捋枝、别枝、圈枝。对各级骨干枝上的有利用价值的徒长枝或较旺的直立新梢，及时进行扭梢、拿枝、捋枝、别枝、圈枝，控制旺长，促进花芽分化。

3.秋季修剪

与夏剪要求相同，继续疏去密生、徒长、有病虫的枝条和萌蘖，使树冠通风透光良好，保证果实能直接见光，并使内膛各类枝条都能充足见光，形成花芽。

四、修剪对象和目标

树种、品种、树龄、树势等不同，修剪对象和目标也不相同。桃树和树势偏旺的树种，生长季节修剪的主要目的就是控制徒长，保证树冠的通风透光。苹果以扭梢、拉枝为主，葡萄则以控制副梢为主，而石榴则围绕去除萌蘖为主以及提高坐果率和促进花芽分化的目标而开展。

幼树期生长季节修剪的主要目标则是利用副梢扩冠及早形成各级骨干枝，为早结果做准备；结果期树围绕高产、稳产、优质及树势的中庸健壮、通风透光做文章；衰老期树则在更新复壮、恢复树势、培养新的结果枝组上下工夫。（江苏　李兆杏）

衰老梨树更新丰产技术

1.骨干枝的更新修剪

当骨干枝前端焦梢、后部光杆时，可在有效好分枝处缩剪。如骨干枝（主枝）较大，则应分期逐渐回缩。若一次回缩过量，往往会因伤口面过大，造成不易愈合而使之更为衰弱，甚至枯死。侧枝可在3～5年生长枝处缩剪，回缩的剪锯口处必须留有生长健壮丰产的分枝。为使这些分枝尽快生长，恢复树势，在更新的2～3年内要减少结果量。在更新枝后部或剪锯口附近发出徒长枝或新枝时要尽量保留，并进行短截，促使分枝。短截长度根据新枝着生部位的空间大小而定。随着这些新枝的扩展延伸和生长势的恢复，会适当增加结果量，但以后还要继续采取更新复壮的修剪丰产措施。

2.大枝组的更新复壮。老梨树更新修剪不能单靠回缩骨干枝，要同时对全树各类枝条进行更新复壮。除了采取回缩办法外，一般是去弱留强、去下垂枝留直枝、重剪或剪除衰老的果枝群（鸡爪枝）。

3.徒长枝修剪的新招

无论是老梨树自然发生的还是因修剪刺激发出的徒长枝，都要尽量保留和培养，并根据着生部位和附近枝条疏密程度进行短截，这是复壮衰老梨树的先决条件。

4.科学施肥

无论施用何种肥料，都必须将肥料施在根系分布层，引导根系向下伸展，以便于根系吸收，从而充分发挥肥效。无论是施有机肥还是施无机化学肥料，都一定要与土壤充分混合均匀，避免产生肥害，防止灼伤根系。有灌水条件的要尽量灌一次水，使根系与土壤紧密结合，以利吸收养分和水分。施基肥开沟要做到随树冠的扩大而外移，并逐年加深，深度一般为40厘米左右，沟与沟中间不留隔墙，并隔年变换开沟位置。当树冠过大、树冠外围发枝少而弱，经更新促早发后，施肥可采用全园撒施法进行，结合深翻土壤翻入土中，耕翻深度以25厘米以上为宜。采用此施肥方法，肥料能广泛被须根吸收利用，但施用深度浅，易引起根系上浮。

5.综合防治病虫

冬季梨树干刷一次涂白剂，能控制越冬害虫及病菌。可用石硫合剂原液1升、盐1公斤、动物油0.2公斤、水4公斤，搅拌均匀进行树干涂白。春季全园喷洒农药，在梨花开时喷洒0.3～0.5

波美度的石硫合剂，谢花后展叶时喷洒50%退菌特800倍液，防治梨星病有特效。梨树生理落果期间，喷洒果腐速克灵45%水剂1200倍液，可兼治干腐病、穿孔病和腐烂病。防治各类害虫，可用25%敌杀死2500倍液喷杀，灭虫率达95%以上。（浙江 金建良）

脐橙树整形修剪技术要点

一、幼树整形

1.定干：矮干整形，能加速侧枝生长，较快形成树冠，增加绿叶层，提早结果和丰产。脐橙一般定干高度为30～40厘米。主干过矮不便于天牛防治和土壤管理，定干高度要灵活掌握。

2.主枝数量：根据品种、生长势强弱、果园特点来定。自然圆头型的主枝以3～4个为宜，并应分布均衡，避免重复，主枝间保持一定距离，以便改善下层主枝、侧枝的光照条件。

3.主枝着生角度：角度过小，因极性生长，先端枝梢生长较旺，下部侧枝受到抑制，分枝少，易徒长，不易结果；同时上部互相拥挤，树冠狭小。角度过大，枝条容易下垂，生长势衰弱较快，易大小年结果。脐橙主枝着生角度以与主干延长线约呈40°为宜，可用拉线开张角度或竹木支撑。

4.培养树冠结构：可剪可不剪的尽量不剪，留作辅养枝。在发梢后，定主枝3～4个，其余除少数作辅养枝外，全部抹除；在春梢发芽前将主枝适当短剪细弱部分，发梢后在先端选一强梢作主枝，其余作侧枝；如主枝过长，可在距主干约35厘米处选留第1个副枝。以后主枝先端如有强夏秋梢发生，可留1个主枝作延长枝，其余摘心。

二、修剪

1.幼龄树修剪：脐橙枝梢生长较均匀，幼龄期一般不需修剪，只要抹芽控梢即可。在栽培上避免乱施肥，应集中在发梢前15～20天施速效氮肥，叶色转绿前根外喷施肥料，促其转绿，其余时间应控制施肥。

2.结果树修剪：

（1）培养立体结果。根据脐橙枝条生长均匀、主枝着生角度较稳定、树形较好的特点，一般保留下部及内膛枝，下部及树冠内外均结果，修剪宜轻，保持树形下大上小，类似钝头圆锥形。若采果后的结果枝健壮，翌年春仍能从果梗基部发生良好生长枝和结果枝结果，应保留不剪。若结果枝细长软弱，可以从基部剪除。

（2）枝条更新。主要在夏季回缩修剪，既能减少养分消耗，解决果梢争肥矛盾，又能刺激秋梢生长，改变结果母枝比例。广东省平远县夏剪一般于生理落果期已过至结果母枝发梢前进行。冬剪在采果后至春梢萌芽前进行，结合清园，剪去病虫、残弱枝条。

（3）衰老树修剪。对衰老严重或过于密闭的树，可更新主枝，一般在离主枝基部70～100厘米处锯断，将骨干枝强短截。对部分枝条尚能结果的衰老树，在2～3年内轮流重短截，并对过密弱的侧枝加以疏剪，保留大部分生长较强壮的枝条。在更新的几年内，每年均能保持一定的产量，新梢生长更好，日灼较少，恢复高产也较快。更新于春芽萌发前进行，更新后应采取防晒措施，如用稻草包扎或涂白、涂防腐剂或接蜡、地面覆盖等。更新后往往萌发大量新梢，应及时疏除，每个主枝上留2～4个分布均匀的新梢，构成树冠新骨架。（广东　黄寿平）

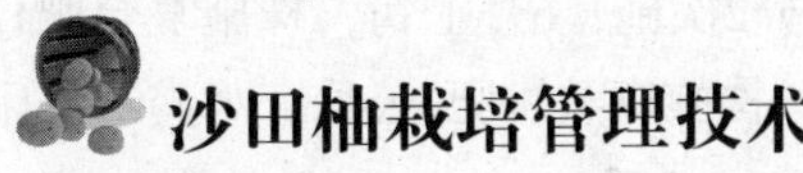

沙田柚栽培管理技术

一、水分管理

沙田柚需水量大，全年除花芽分化期保持干旱外，其余时间都要保证充足的水分供应。广东9月进入旱季，是沙田柚上水增糖的关键时期，尤其要保持土壤湿润。为了使果实耐储藏，采前20天不能灌水。

二、施肥管理

沙田柚施肥应以有机肥为主，若以化肥为主，沙田柚便会有苦味、涩味，难上档次；若不施肥，则果实不甜不酸，同样是次果。以前施肥是凭经验，容易出偏差，要么过量，要么不足。现在有一套科学施肥法，以株产来定施肥量。沙田柚冠幅3米以上可挂近100个果；冠幅7～8米可挂300个果，若肥水充足，可连续3年挂200个果以上，否则下一年只能结40～50个果，造成大小年，或者损伤树体、影响寿命。下面就以株产70个果（即株产100公斤）来计算施肥量：

1.采后肥：沙田柚采果后树势受影响，为迅速恢复树势，可株施尿素、复合肥各0.5公斤冲淡粪水泼施树盘。

2.过冬肥：占全年施肥量的40%～50%，以迟效肥为主，不能施水肥。可结合扩穴断根，底层施厩肥80～100公斤、磷肥1.5公斤，中层施鸡粪30公斤或豆饼5公斤，上层施草木灰50公斤或钾肥3公斤。沙田柚施足钾肥，能增加果实水分，即果农最关心的增重。

3.壮花肥：在2月底施用，以速效氮肥为主，株施尿素、复合肥各1公斤，硼砂0.1公斤，粪水50公斤。

4.壮果肥：分2次施：6月上旬，株施复合肥1.5公斤+粪水50公斤；8月上旬，株施腐熟饼肥3公斤、鸡粪20公斤、磷肥和钾肥各1公斤、硫酸镁0.2公斤。

三、病虫害防治

果园管理主要的成本在施肥，株施1次肥要2～3元，除1次虫才0.1～0.2元，平均计算的话，生产1公斤沙田柚的农药成本在0.2元左右，如果套袋，还可打个6折。现在提倡采取“农业防治控制病虫害基数、化学防治保护果实、平时注意保护天敌”的综合防治策略。在这里，给大家提出三个注意事项：

1.合理使用农药。农药按照标准使用，切不可随意加大用量。

2.在病虫害初发期喷药。经常有人问笔者：“按照你说的方法喷药，怎么没效果啊？”我去他那里一看，原来他错过了防治时机，病虫害当然难以控制。

3.套袋。在6月上中旬套袋，可减少病虫害、降低农药残留和防止空气污染，还有改善果面、防止日灼、促进着色等作用，一般用市场上卖的牛皮纸袋子即可。为防止把病虫害带进袋子里，套袋前要喷1次药（50%甲基托布津600倍液+40%速扑杀800倍液+50%托尔克1500倍液）。

四、整形修剪

整形修剪看似很难，实则较易。沙田柚分夏剪和冬剪两种，夏剪轻剪，冬剪重剪，剪掉过密枝、弱枝、病虫枝、徒长枝和霸王枝。切忌剪掉内膛无叶枝、少叶枝和弱枝，因为那是沙田柚的结果母枝。

五、保花保果

1.环割。树势恢复后，在11月底促花芽分化，可采取环割、喷花果灵的办法。环割一般在直径6厘米以上的树干上进行，树势特别壮的可断根。现在较少提倡环扎，原因一是时间长，二是对树势影响大。

2.疏花疏梢。在花蕾“火柴头”大小时疏花序，在花蕾露白时疏花蕾，最终使每条梢留2朵壮花。

沙田柚自花结实率差，须人工授粉，可用酸柚或蜜柚花朵，每朵花可授沙田柚花15～20朵，也可用蜜蜂授粉。

3.疏果。5月中下旬疏去发育不正常、果形不正、病虫害果以及过量的果实。先促多花，再优选果实。

六、采收储藏

在广东梅州地区，立冬节气至立冬节气后7天为最佳采收时期，先熟先采，一果两剪。采下后用施保克800倍液（或绿色南方500倍液）+2，4-D150毫克/公斤浸果保鲜。

最后告诉大家一个窍门：果实浸过后不能立即装袋，否则容易返生，这与缺硼果相似，必须经过15～20天的“发汗期”，方可装袋。（广东　黄仁　张松华　范敏）

水果型小黄瓜设施栽培技术

水果型小黄瓜多为雌性系，主要用作大棚和温室栽培，可以不经授粉就完成果实的发育，具有果实成熟度一致、早期产量高等优点。现将水果型小黄瓜设施栽培技术介绍如下：

一、嫁接育苗

1.品种选择与种子处理：砧木选择黑子南瓜。小黄瓜可选用从国外引进的品种或浙江省农业科学院蔬菜研究所育成的“浙秀1号”。小黄瓜每亩用种量约3000粒，黑子南瓜每亩用种量约1公斤。先将种子在50～60℃的温水中浸泡15分钟，浸泡时不断搅拌，使其受热均匀，或用0.1%～0.5%高锰酸钾溶液浸种消毒，捞起沥干置于30℃的恒温箱内催芽，2～3天后芽长至0.5厘米时即可播种。

2.育苗：早春大棚育苗，播种前7～10天搭大棚，覆上农膜，预热苗床；夏秋季节育苗最好搭棚遮阳避雨。播种前苗床或营养钵必须浇透水。将黄瓜种子撒播在苗床上，南瓜种子直接播在营养钵中，1钵1粒，上铺药土（50%多菌灵可湿性粉剂1克+细土0.5公斤）1厘米厚左右。播后铺少量稻草，覆上薄膜，搭小拱棚。如夜间温度低，应加盖草帘等覆盖保温，有条件的可用电热线补热育苗。当30%～40%的苗出土时，及时揭去薄膜与稻草。出苗前温度保持在25～30℃，以加快幼苗出土；出苗后降低温度，保持在25℃左右。

3.嫁接：当砧木第1片真叶展开、由黄转绿时，为嫁接最佳时期。嫁接工具主要有刀片与竹签。具体操作顺序如下：用一只手的拇指和中指（或食指）夹住砧木的茎基部，另一只手用竹签的扁平一端在子叶节上方1厘米处切除真叶和生长点；然后用竹签的尖端自砧木的子叶节顶端沿叶主脉由上而下与茎呈45°角的方向斜插一小孔，深约1厘米，以竹签尖端顶住手指为度，不能穿孔，不能绷破，将竹签暂留在砧木内；取接穗苗，用一只手的拇指与食指轻轻将两片子叶合拢捏紧，中指顶住下胚轴；另一只手用刀片自子叶节下1厘米处斜切；拔出砧木上的竹签，将接穗切面向下插入砧木孔内，使平面对平面，二者紧密结合。注意使接穗与砧木子叶呈“十”字形，并插紧。

4.嫁接苗管理：

（1）温度管理。嫁接后即搭小拱棚，覆上农膜。前3天应严格控制温度，白天25～30℃，夜间18～20℃。若中午温度超过30℃，可覆盖草帘或遮阳网降温。以后逐渐增加通风时间，使温度逐渐下降，7天后白天温度控制在23～25℃，夜间15～20℃。移栽前7天降温炼苗，温度保持在15℃以上即可。

（2）保湿与追肥。小拱棚薄膜要密封严实，使棚内前3天的空气湿度达到饱和，以扣棚第2天膜上出现水雾水珠为宜。在黄瓜苗二叶一心期喷施植物动力2003（德国三托罗公司产品，微量元素营养螯合液体肥）等营养液，促根发达，增强抗逆能力。

（3）光照与通风。嫁接后立即在小拱棚上覆盖遮阳网，保证嫁接苗3天内不见光；到第4天可早晚各见光1小时，以后光照时间逐渐增加，至第7天基本全见光，只遮强光。从第4天起可适当通风，初期小拱棚两头通风，以后逐渐加大通风量，直至揭除小拱棚薄膜全通风。

（4）抹芽。嫁接后，砧木的叶腋中仍能萌发出不定芽，与接穗争夺养分和水分，影响嫁接成活率，所以应抢晴天及时用手抹除，注意不要碰伤砧木和接穗的子叶。

二、定植

嫁接后25天左右，长出2～3片真叶时即可定植。春季定植宜选择在晴天进行，夏秋季定植宜选择在阴天或晴天傍晚进行。每亩施腐熟有机肥2000～3000公斤、过磷酸钙25～30公斤、钾肥30～35公斤作基肥。有机肥和化肥混合后结合耕地深施做畦，畦连沟宽150厘米，沟宽30厘米、深25厘米，做畦后畦面覆上地膜。如早春栽培，需搭大棚覆膜保温。定植前嫁接苗要先浇透水。苗坨土面与畦面平，轻轻挤压，上不覆土，地膜边缘用土封严。注意使嫁接部位露出地面，避免黄瓜茎接触地面产生不定根而失去嫁接栽培的意义。定植时每畦栽双行，一般株距为35～40厘米，每亩定植2200～2500株，夏秋季适当密植。

三、田间管理

1.温度管理：温度降至14～16℃时加盖小拱棚。越冬茬小黄瓜大棚定植后，5～7天不能通风，使棚内白天温度达28～30℃，夜间温度达20℃以上；缓苗后白天温度保持在25～28℃，夜间温度保持在15～20℃，在严冬季节，棚内白天温度保持在23～25℃，夜间温度保持在15～18℃；进入春季后，白天温度保持在28～30℃，夜间温度保持在18～20℃。

2.肥水管理：缓苗后蹲苗5～7天，以促进根系生长，以后要小水勤浇，保持土壤湿润。结瓜期每隔3～5天浇1次水，每次浇水后追肥1次，氮、磷、钾肥配合施用。进入寒冷季节后适当控水控肥，随着气温的降低，浇水间隔期可适当加大到10～12天，待气温回升后每隔4～5天浇1次水。进入采收期后，每亩随水追施三元复合肥10公斤，结瓜盛期每隔8～10天施肥1次。

3.植株调整：1～5节位的瓜要及早疏掉，从第6节位开始留瓜。小黄瓜极易徒长，要及时上架或绑蔓。雌花过多或出现花打顶时要疏去部分雌花，已分化的雌花和幼瓜也要及时去除。进入结瓜后期及时落蔓，落蔓后每株要保留15～16片绿色叶片。落蔓时摘除卷须，并疏掉部分雌花。小黄瓜生长期长，栽培时不用摘心，生长点折断缺失时可从下部选1～2个侧枝代替。及时清除老叶、黄叶和病叶。

四、适时采收

一般瓜长13～18厘米、直径2～3厘米，花已经开始谢时，即可采收。越冬茬小黄瓜因生长季节内温度低、日照时间短，应及早采收。（浙江　戴丹丽）

南方葡萄无公害栽培技术

一、园地选择与规划

选择阳光充足、排灌良好、土质肥沃疏松的地块建园，附近无污染源，大气、土壤、水质等产地环境应符合《无公害食品鲜食葡萄产地环境条件》（NY5087-2002）的要求。品种选择以抗病性强的欧美杂交种为主，如果选择欧亚杂交种栽培，应搞好避雨设施，以降低葡萄发病率。如果大规模葡萄园种植，还要注意早、中、晚熟品种的相互搭配。

二、建园

1.土地整理：按行距挖定植沟，沟宽60～80厘米、深60～80厘米。把有机肥与土壤均匀填入沟内，并做成1.2～1.6米宽的畦。

2.定植时间：葡萄落叶后至萌芽前都可栽植。

3.苗木选择与处理：苗木一要品种纯正，二要芽眼饱满、枝蔓粗壮，三要无检疫性病虫害。苗木栽植前先修剪（保留3～4个饱满芽及15～20厘米长的根系），然后用石硫合剂溶液或其他杀菌剂进行消毒，用清水清洗后，把根系在清水中浸3～4个小时后再栽植，可以提高苗木成活率及减轻病害发生。

4.苗木栽植：在畦面上按株距挖好小穴，放正树苗，舒展根系，扶正填土、踏实，最后填一层松土做好树盘，浇足定根水。

5.搭建葡萄架：主要选择单壁篱架、双十字“V”形架（避雨架）、棚架（或避雨棚架）等架式。

三、土肥水管理

1.土壤管理：

（1）深翻改土：在每年9～11月，以原有的定植沟为基础，向两边挖深50厘米、宽40～50厘米的条沟，施入有机肥（绿肥、农作物秸秆、猪牛栏粪、塘泥、谷壳、火土灰、菜枯饼肥等），适量撒施磷肥和石灰，每亩用粗有机肥2000公斤、精有机肥500～1000公斤、磷肥50公斤、石灰50公斤。

（2）深耕：结合施肥开深沟，春季深耕15～20厘米，秋季深耕20～30厘米。

（3）中耕除草：在葡萄行和株间多次中耕除草，经常保持土壤疏松和无杂草状态，保持园内清洁，则可减少病虫害。

2.施肥：

（1）施肥原则：坚持“有机肥为主、化肥为辅”的原则进行平衡施肥或配方施肥。限量使用氮肥，限制使用含氯复合肥。

（2）施肥的时期、方法以及施肥量：新栽树施肥，当新梢长到6片叶后开始施稀薄水肥，浇施10%腐熟的稀薄人粪尿，或浇施0.3%～0.5%的尿素液，或浇施稀薄的沼液，每隔10～15天施1次，直到8月底。结果树施肥：主要施好四次肥。一是基肥，9～11月施，每亩施有机肥2000～3000公斤、钙镁磷肥100公斤、石灰25公斤，采用深40厘米沟施方法。二是果实膨大肥，在果实膨大期，每亩施硫酸钾型高浓度复合肥25～30公斤、尿素5公斤，采用深25～30厘米沟施方法，施肥后如遇干旱应灌水。三是果实着色肥，在果实转色初期，每亩施硫酸钾25公斤、磷肥10公斤，采用深25～30厘米沟施方法，施肥后如遇干旱应灌水。四是采果肥，采果后15天内施入，每亩施硫酸钾型高浓度复合肥15～25公斤，采用深30厘米的沟施方法，施肥后如遇干旱应灌水。

3.水分管理：葡萄在萌芽期和幼果膨大期需水量较多，开花期和浆果转色至成熟期需水量少，应根据不同生长期对水分的需求控制好灌水。在雨季应着重清沟排水。施肥后如遇干旱要灌水。

四、整形修剪

1.整形：根据不同的架式，采取不同的整形方法。

（1）单壁篱架整形：一般采用单层双臂水平整形。每株葡萄定植后先选留一个新梢，长到0.6米时摘心培育成一个主干，然后在主干顶端选留两个副梢培养成两个主蔓，每个主蔓上选留一个顶端副梢，之后，采取连续摘心的方法促使主蔓生长粗壮，冬季修剪后两个主蔓分别向左右两边呈水平状绑在第一道钢丝上。

（2）双十字“V”{形架（避雨架）整形：定植后选留一个新梢，长到0.6米时摘心，培育一个主干，摘心后选留顶端2个副梢长到25厘米处摘心，这2个顶端副梢分别沿反方向绑在第一层钢丝上，其余副梢全部抹除。第二次摘心后再次选留2个顶端副梢（全株4个），向上生长到6～8叶时摘心（以后留3～4叶连续摘心）作为下年的结果母蔓，并将这4个副梢分别斜着绑在第二层（即下横梁两边）钢丝上。到冬季修剪时，把4个结果母蔓留4～6芽短截，并呈水平状绑在第一层钢丝上。第二年4个结果母蔓萌发的新梢向上斜着绑在两边的钢丝上。

2.修剪

冬季修剪：冬剪时期为1～2月上旬，以单枝更新、中梢修剪为主。冬剪时，按每平方米架面留6～8个结果母蔓的标准，在当年生的枝蔓中选留好下年的结果母蔓，其余回缩或疏除，然后将选留的结果母蔓留4～6个芽短截。冬剪完后，将结果母蔓呈水平状绑在篱架钢丝上。

夏季修剪：主要采用抹芽除梢、摘心、绑蔓、除卷须等措施，调节梢果矛盾，减少养分消耗。

五、花果管理

1.疏花、疏果：花前每个结果蔓，强壮的留2个花序，中庸的留1～2个花序，弱的留1个花序或不留，其余的疏除。当幼果粒绿豆大小时疏果穗，疏去过密的、挂果稀疏的果穗和病果穗。通过疏果穗，每亩保留果穗3600～4000个，每穗保留果粒60粒左右，成熟时平均穗重在400克左右。每亩产量控制在1250公斤左右。

2.花序整形：在开花前3～7天疏去副穗和主穗基部的支轴1～4个，并掐去1厘米长的穗尖，每个花穗保留14～15个支轴。

3.果穗套袋：当果粒黄豆大小时，尽早喷洒一次杀菌剂和杀虫剂，待药液干后立即用葡萄专用纸袋套果穗。

六、病虫害防治

1.防治原则

贯彻“预防为主，综合防治”的方针，以农业栽培防治为基础，提倡生物防治，科学进行化学防治。

2.防治措施

一是开展植物检疫：按照国家规定的有关植物检疫制度执行，禁止调入有检疫性病虫害的葡萄枝条及苗木。

二是做好农业栽培防治工作：做好清园工作，果实采收后，及时清除病虫果、残次果，深埋或烧毁，冬季结合冬剪，剪除病残果、病虫枯枝，清扫残枝落叶集中烧毁；雨季加强清沟排水工作；采用果穗套袋措施；加强夏季枝梢管理，避免树冠过度郁蔽，保持良好的通风透光条件；增施有机肥和磷钾肥，增强树体抗病能力；生长季节及时摘除病枝、病叶及病果，集中烧毁或深埋；采取人工制作粘虫板、安装杀虫灯、挂诱虫瓶等措施防治害虫。

三是加强生物防治：保护和利用天敌，推广以菌治菌、以菌治虫、以虫治虫，提倡使用生物农药。

四是科学开展化学防治：化学防治要使用高效低毒低残留农药，做到对症下药，适时用药；注重药剂的轮换使用和合理混用；按照规定的浓度、每年使用次数和安全间隔期要求使用；禁止使用剧毒、高毒、高残留、有“三致”（致畸、致癌、致突变）作用和无“三证”的农药。

3.常见病虫害防治措施

（1）主要生理性病害防治措施见下表：

病害名称	症状	病因	防治措施
叶灼	叶缘枯黄干焦，早期落叶	强光高温伤害，加之土壤积水过湿，施肥过多且浓，加剧了根部吸收与叶系蒸腾的失衡	①升高架面，必要时加临时性遮阳网 ②开深沟，降水位；夜灌水，日排尽 ③喷施叶面专用营养肥绿芬威，改善叶面营养 ④松土除草，薄肥勤施，逐步加强根系活动功能
果锈	果面生锈黄色小斑点，影响果实美观和商品性	空气湿度过大或选用药剂不当，造成轻微药害	①完善避雨设施，保持园内通风透光 ②幼果期少用或不用代森锰锌、百菌清等农药 ③果穗应及时套袋
水罐子病	成熟时果粒充满水，呈水泡状，用手轻捏水滴成串溢出	留果量太多，叶果比例失调，树体营养亏缺	①控制留果量，增加枝叶量，提高枝果比和叶果比 ②增施有机肥，改良土壤，改善树体营养。谢花后、幼果膨大期追施2次复合肥，每隔10天喷施一次3％磷酸二氢钾液或绿芬威

（2）主要传染性病害防治见下表：

病害名称	危害部分	症状	发病条件	防治时期
黑痘病	主要危害嫩叶、嫩梢、花序、幼果、卷须等绿色幼嫩组织	开始叶面出现红褐色小斑点，以后开裂穿孔；嫩梢发生褐色梭形小病斑；果面出现深褐色小斑点，后扩大为圆斑，病斑周边紫褐色，中心灰白色，稍凹陷，很像鸟眼	温暖多湿环境，发病适温为25℃左右	春季萌芽后展叶2～3片时、枝梢生长期、花蕾期、谢花后2～3天、幼果期是喷药防治的重要时期
灰霉病	主要危害花穗、幼果及成熟果实	开始发病的花穗轴的花冠出现淡褐色水渍状，后变为暗褐色软腐，并长出鼠灰色霉层	温暖多湿，发病适温15～28℃，适宜相对湿度为92%以上，花果表面存在自由水的时间太长	花序分离期至开花前、谢花后、果实转色初期是防治此病的重要时期
穗轴褐枯病	主要危害花穗的嫩轴	花穗轴出现水渍状病斑，后变褐色并出现腐烂，最后病部萎蔫干枯	开花前后出现低温多湿的天气	花序分离期至开花前、谢花后是重要防治时期
白腐病	主要危害果梗、穗轴、幼果和成熟果	发病初期，在小果梗或穗轴上初生水渍状褐色病斑，并向果梗蔓延，变为淡褐色软腐，后全粒变褐腐烂，病果表面密生灰白色小粒点	高温高湿，植物体存在伤口，发病最适温、湿度分别为25～34℃和92%以上。多雨年份和通风光照不良的果园容易诱发此病。篱架比棚架容易诱发此病	谢花坐果后至成熟初期

续上表

病害名称	危害部分	症状	发病条件	防治时期
炭疽病	主要危害接近成熟的果实	初发病时，果面产生针头大小水渍状褐色圆形病斑，后逐渐扩大并凹陷，长出轮纹状排列的小黑点，即病菌分生孢子器，发病严重时，病斑扩展到半个或整个果面，果粒软腐，后干缩成为僵果	发病最适温度为28～32℃。架面枝蔓密布、通风光照不良，容易诱发此病；树势弱，留果量过多，架面积小，抗病力下降，容易诱发此病	谢花坐果后至成熟初期，每隔10～15天喷一次药
霜霉病	主要危害叶片，也危害幼果	发病开始为半透明油渍状病斑，后扩展为黄褐色病斑，叶背产生灰白色霉层（孢子束），最后病叶失水枯焦并发生早期落叶	冷凉多湿，发病适温10～15℃，初夏和秋季阴雨连绵，易造成该病害流行	5月中旬至6月下旬、8月下旬至9月下旬

（3）主要虫害有金龟子、透翅蛾、天蛾、葡萄十星叶甲等，以人工捕捉及黑光灯诱杀为主，虫害严重的辅以化学农药喷杀。

七、采收

以“巨峰”葡萄为例，当葡萄果粒由紫红色转变为紫黑色、在果粒上覆盖一层较厚果粉、口感甜度强时采收。宜在阴天、晴天早上露水干后至10点钟前和下午4点钟后采收。采后在阴凉处修整果穗，分级包装销售。（江西　欧阳明礼　邓万良）

大棚草莓优质高产栽培技术

一、品种选择

应选择休眠期短、优质高产的品种，例如“丰香”“章姬”“法兰蒂”“红颜”等。

二、培育壮苗

1.选地：在母株定植前应选择土壤疏松、肥沃、不重茬、不易板结、背风向阳的沙壤土，排灌水通畅。

2.施足基肥：每亩施农家肥500～1500公斤、三元复合肥5～10公斤，忌用高氮肥料，以防苗旺长。

3.定植时间与规格：3月底4月初定植。畦宽1.5米，每畦种1行，株距80～100厘米，每亩栽600～800株。定植成活后即喷浓度为50～100毫克/公斤的赤霉素液2次，隔7天喷1次，以促进多发子苗。

4.病虫草害防治：

①草害。建议人工拔除。

②地下害虫。采用90％晶体敌百虫或50％辛硫磷拌菜籽饼诱杀。

③病害。建议每周喷1次杀菌剂。多菌灵、百泰、大生、甲基托布津、农用链霉素、使百克、炭疽福美等农药交替使用。发现感病植株立即铲除并进行妥善处理。

三、土壤消毒

草莓有连作障碍，定植大田前土壤要进行彻底消毒，以减少土壤中的病菌。消毒方式有两种：一是淹水处理，处理时间1个月左右；二是在高温季节（6～8月）用塑料薄膜盖在畦上，覆膜时间1个月左右，以达到高温杀菌的目的。最好采用“稻—莓”种植模式。

四、做好规范化定植

1.施足基肥：种植园址应选择土壤疏松、有机质丰富、排水良好的田块。定植前应施足基肥，一般每亩施饼肥75～150公斤、氮磷钾复合肥30～40公斤、有机肥300公斤。施入后整垄做畦。

2.定植：选脱毒壮苗定植。一般畦宽60～70厘米、沟宽30厘米、畦高25～30厘米、株距20厘米，每亩栽8000株左右（“红颜”栽5000株左右），栽植过密会导致投产期短，果小，品质差，影响经济效益。定植时将苗根颈弓背朝向沟边，将花序抽向畦两侧，以利于通风透光、果实着色好，减少病虫害，提高果实品质，同时也方便采收。定植深度应是苗芯子茎部与土壤表面齐平，做到浅不露根、深不埋心。定植完成后要沟灌水，以便成活返青。盖地膜时间在10月上中旬，搭大棚时间应在10月底前完成。

五、大棚内温、湿度控制

草莓生长适宜温度为20～28℃，高于36℃或低于5℃不利于其生长。棚内白天温度控制在25～28℃，不能超过30℃，晚间温度以7℃为宜。初花期温度控制在25℃，成花期控制在23℃左右，当晚间棚内温度低于5℃时可内设小棚保温。当4月份温度明显上升时，可拆掉大棚两边的围膜降温降湿，以利于通风透光。开花期湿度控制在80%左右，果实膨大期湿度控制在60%左右。

六、花期放蜂

在开花期，每个大棚放1箱蜜蜂，利于授粉，对提高草莓产量和品质、降低畸形果率都有明显的作用。开花期（放蜂期）禁止喷洒农药。

七、肥水管理

为了防止果实酸化，在盖膜前要追施1次硫酸钾，每亩用量4～5公斤。第1批果采完后，对长势弱的要继续增施硫酸钾和其他复合肥。土壤湿度不够时可用软管喷灌。

八、防治病虫

1.炭疽病：首先注意清园，及时摘除病叶、病茎、枯老叶等带病残体，并妥善处理。药剂防治：可用敌菌丹800倍液或百菌清600倍液喷雾防治3～5次，也可用使百克、炭特灵或炭疽福美等农药交替喷洒防治。

2.灰霉病：可用800倍大生M-45液或75%百菌清600～800倍液、必得利800倍液、速克灵800倍液交替喷洒防治。

3.青枯病：发病初期可用72%农用硫酸链霉素可溶性粉剂3000倍液或47%加瑞农可湿性粉剂600～800倍液、72.2%普力克水溶性液剂800～1000倍液、14%络氨铜水剂200倍液、30%绿得保悬浮剂400倍液喷雾或灌浇。要铲除已发病植株并妥善处理。

4.线虫病：用35℃的热水浸苗10分钟，处理后冷却栽植；采用脱毒苗栽植。最好实行轮作，耕翻换茬；发现病株立即铲除，妥善处理。

5.小地老虎：结合除草人工捕杀。可用50%辛硫磷乳油浇灌根部土壤或用烟胜熏治，也可在栽苗前将3%（或5%）辛硫磷果粒剂翻入土中。采前10天停止用药。

6.斜纹夜蛾：成虫发生期可用黑光灯、糖酒醋液（糠6份、醋3份、白酒1份、水10份，并加1份90%敌百虫）在夜间诱杀。（浙江　薛美琴）

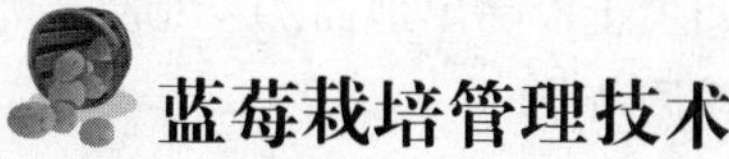

蓝莓栽培管理技术

目前我国种植蓝莓的地区主要有：辽东区域、胶东半岛等（北高丛蓝莓系列）；浙江、江西和云贵川为中心的区域（高丛蓝莓和兔眼蓝莓系列）。

一、准备工作

1.建园选址。首先，根据蓝莓的生态适应性，在选择种植地块时要先了解土壤酸碱度，栽培蓝莓的土壤pH值在4.8～5.5之间，不同品种需求的土壤酸碱度不一样，因此，应根据所处地区土壤的酸碱度选择适合的蓝莓品种栽培。其次，要尽可能选择土壤疏松、富含有机质而且排灌条件良好的地方。蓝莓是喜光植物，在山地建园要尽量选择阳坡中、下部，坡度不宜超过15°，大于这个坡度则须修筑2米宽的梯田；园地以荒山、低产松林改造地最佳，退耕坡地也可。退耕地的栽植成活率没有松林改造地的成活率高，病虫害和杂草也较松林改造的林地多，增加了生产管理成本，因此，应根据当地情况和自身经济条件选择园址。

2.定植密度。高丛蓝莓系列品种间距以（1.0～1.5）米×（2.0～3.0）米为宜，兔眼蓝莓系列品种间距常采用1.5米×（2～2.5）米，半高丛蓝莓系列品种间距常采用（0.6～1.2）米×2.0米。

3.定植时间。营养钵苗一年四季均可定植，春季、秋季和冬季最佳，其中秋栽成活率最高，春栽则宜早。

4.定植方法。定植前整好地，挖好定植穴，常用定植穴规格为长1.0米、宽1.0米、深0.5米。种植半高丛蓝莓和矮丛蓝莓可适当缩小规格，兔眼蓝莓可适当增大规格。定植穴挖好后，将取出的泥土掺入磨碎的松树皮和泥炭，或松林下的腐殖土等，混合均匀后回填入穴，回填土以高出地面20～30厘米为宜，在土壤酸度不够时可用硫黄粉调节。

二、蓝莓种植管理

1.土壤管理。幼龄蓝莓果园，树盘和行间土壤应分别管理，树盘及其周围的土壤通常采用清耕、覆盖和喷洒除草剂免耕。成龄蓝莓果园，土壤管理应全园统一考虑，可以采取清耕法或生草法。美国蓝莓树盘覆盖是应用非常普遍的一项技术措施，现介绍如下：

（1）清耕的深度以5～10厘米为宜。清耕时期从早春到9月，根据当地的降水和杂草滋生情况进行清耕。夏季中耕可适当深些，近株丛处稍浅些；春秋季节需浅铲、浅耕，务求达到灭草、保墒、防涝的效果。

（2）生草法。主要是采用行间生草、行内清耕，或用除草剂控制杂草。生草法与清耕法相比，有利于产量的提高和保持土壤湿度，适用于干旱土壤和黏重土壤，其缺点是不利于控制蓝莓僵果病。果园生草法使用的草品种，有禾本科的鸭茅草、紫羊茅草、鹅观草、黑麦草、野燕麦等和豆科的三叶草、小冠花、苕子等。禾本科草和豆科草可以混种。

（3）土壤覆盖。覆盖具有增加土壤有机质含量，改善土壤结构，调节土壤温度，降低土壤酸碱度，减少土壤水分蒸发和灌溉次数，提高植株生长量、产量和果实品质等优点。混合有机物采用最多的是锯末。蓝莓定植后，在定植行上的土壤表面，以株丛为中心覆盖厚5～10厘米、宽1米的已腐烂的锯末，之后每年保持5厘米左右厚度即可。经国内蓝莓专家研究对比，覆盖植株与未覆盖植株长势甚至有10倍的差距。

2.水分管理。常用的蓝莓园灌水方式有沟灌、喷灌、滴灌和依赖土壤水位保持土壤水分的下层灌溉等，灌溉水比较理想的水源是地表水和水库水。

3.肥料管理。蓝莓是典型的寡营养植物，过多施肥会导致肥料过量而伤害树体。蓝莓对土壤中的铵态氮比硝态氮有更强的吸收能力，但过多的氮肥对增产不仅没有效果而且有害，甚至会造成植株死亡。施用多元素肥料比施用单元素肥料效果更好，一般氮、磷、钾肥施用比例为1∶1∶1或1∶2∶3，施肥时间一般是在萌芽前和萌芽后各一次。常见蓝莓缺肥症有：缺铁失绿症、缺镁症和缺硼症等，应根据蓝莓生长状况有针对性的施肥。

4.整形修剪。蓝莓为多年丛生灌木，其整形修剪要根据品种和依树体长势而定。幼树，应除掉树下部的弱枝和树冠中部过分拥挤的枝条；成龄树，需要防止树冠过高和内膛过密，可根据树势进行疏删密枝、细弱枝、交叉枝和病虫枝，结果主枝龄超过5～6年时，需要回缩更新。

5.病虫害防治。蓝莓在新种植区很少见病害发生。

（1）常见病害。常见病害有白粉病、霜霉病、僵果病、茎干腐烂病等。须注意的是，有时种植户往往把蓝莓树体缺素（缺铁、钾、镁等微量元素）而导致的叶片变色误认为病害。蓝莓不同种类和品种对病害的抗性有明显差异，高丛蓝莓的抗性明显低于兔眼蓝莓。如高丛蓝莓中的“达柔蓝莓”易感染根腐病和茎干溃疡病。蓝莓的各种病害，均可在生产管理季节用硫剂或其他杀菌剂进行防治。

（2）常见虫害。常见虫害有蚜虫、螨类、果蝇、毒蛾、刺蛾、大蚕蛾、天牛、蝽象、枝梢食心虫等。其中，对蚜虫、毒蛾、刺蛾、大蚕蛾等叶部害虫，可用杀虫剂防治，也可在夜晚采用灯光诱杀成虫；对天牛、食心虫等枝干害虫，可用杀虫剂喷杀幼虫；对果蝇等果实害虫及部分天牛，可在5～7月用糖醋液诱杀成虫，如果从4月下旬便开始诱杀第1～2代成虫，将对7～8月果实成熟盛期减少危害起到关键作用，其实践效果非常好。

三、采摘

蓝莓果实成熟期不一，应分批及时采收。

提示：雨、露、雾天果实表面有水时和高温中的蓝莓不宜采收，急需采收时，采摘后的蓝莓应水洗速冻储存；鲜食用果品采摘时要轻拿轻放；病果、畸形果应单收单放；果实采收后应立即进行预冷处理，使其温度降至10℃以下，以去除果实多余热量，这样能有效防止蓝莓腐烂。

1.北高丛系列蓝莓

本系列蓝莓树高1～3米，原产于美国东北部，分布在河流边缘沙质地、沿海柔软湿地、内陆沼泽地及山区疏松土壤等地方。它要求湿度大，喜冷凉气候，抗寒力较强，但对土壤条件要求较严格，适合我国北方沿海湿润、寒冷地区栽培。

北高丛品种果实较大，品质佳，鲜食口感好，风味佳，宜鲜食。可以作鲜销品种栽培，也可以作加工或庭院自用栽培，是目前世界上栽培最为广泛、栽培面积最大的品种类群。

该系列主要品种有：公爵、蓝丰早蓝、爱国者、康维尔等。

2.南高丛系列蓝莓

本系列原产于美国东南部亚热带，分布于沿海及内陆沼泽地。它耐湿热，喜湿润、温暖气候条件，抗寒能力较差，冷温时间长要低于600小时，适合我国黄河以南地区如华东、华南等地区发展。南高丛蓝莓果实比较大，直径可达l厘米，该系列品种大部分具有成熟期早、鲜食风味佳的特点。山东青岛的南高丛蓝莓果园中的蓝莓，5月底到6月初可成熟。南方地区成熟期更早，我国南方地区，如江苏、浙江等省，可以重点栽培该系列的蓝莓品种。

该系列主要品种有：夏普兰、奥尼尔、乔治宝石、薄雾等。

3.兔眼系列蓝莓

该系列的蓝莓品种树体高大，寿命长，抗湿热，对土壤条件要求不严，抗旱，但抗寒能力差，我国长江流域以南和华南等地区的丘陵地带可以栽培。

该系列主要品种有：灿烂、圆蓝、缇芙蓝顶峰、粉蓝、杰兔等。（江西　曹林）

猕猴桃高效人工授粉技术

猕猴桃栽培品种绝大多数为雌、雄异株，雌花没有雄花花粉授粉、授精就不会结果。授粉、授精良好时，雌花95%以上会结果，且果实生长快、果型大、产量高、品质优。授粉、授精不良的果实，果型小、品质差或中途会脱落。自然情况下，猕猴桃主要靠昆虫授粉，靠风辅助授粉。人工栽培的猕猴桃园，遇到雌雄株配比不当、花期不遇、雄花量不足、花期阴雨低温和由于特殊原因没栽雄株等，就必须进行人工授粉，不然产量将会大减甚至无收。笔者经多年研究发现，猕猴桃开花期若遇连日阴雨或大雨天，如不进行人工授粉，自然结果率就只有1%～10%；“金魁”等部分美味猕猴桃品种，即使开花期是晴朗天气，如昆虫不多或有其他适口蜜源，结果率也只有30%～40%，产量一般会减少30%～60%；雄花充足的果园，若给予人工授粉1次，可增产5%～10%，果实增大2%～3%。猕猴桃雌花只有花粉而无花蜜，为提高人工放蜂授粉效果，要事先对雌花喷洒糖水或蜂蜜液，以吸引蜜蜂传粉。猕猴桃园每亩放半箱蜜蜂就可达到良好授粉效果。大面积人工授粉时，用毛笔蘸雄花粉涂抹雌花的方法根本不解决问题，一定要采用喷雾授粉法。喷雾授粉方法如下：

1.选一个没使用过任何农药（或除草剂）的喷雾器，洗净待用。

2.采集刚开放的花朵或快要开放的花蕾（放室内保湿让其开放），放在水温与自然温度相同或略高的冷凉开水中，用手反复淘洗，接着用密纱窗布过滤，去除花瓣等粗物，再倒入喷雾器中即可喷雾授粉。

3.喷雾时喷头向上，对着雌花喷。

4.雨天要待雨停后喷雾授粉，隔1天再喷1次；晴天一般喷雾授粉1次即可。

5.花粉液中若能加入0.5%～1%的蜂蜜，授粉效果会更好。

6.一般每亩用雄花粉300～500克即可。用几种雄花品种的花粉混合后对雌花授粉，效果比用一种雄花的花粉好，坐果率一般可提高5%～10%。（江西　敖礼林　况小平）

提高枣果品质技术措施

一、定植优良品种或改劣换优

新建枣园应定植优良品种，成龄枣园改接优良品种，这是提高枣果品质的根本措施。可定植或改接“冬枣”“赞皇大枣”“婆枣”“绵枣”“梨枣”等大枣品种，“金丝小枣”“无核小枣”“马连小枣”等小枣品种。改接方法以插皮接为宜。

二、加强土肥水管理

1.土壤管理：采收后结合秋施基肥深翻树盘（深20～30厘

米），增加土壤通气性和枣树吸收根数量。枣树下覆10厘米厚的作物秸秆或碎柴草，以减少土壤水分蒸发，抑制杂草生长，增加土壤有机质含量。枣园间作绿肥，割后就地翻压，具有增加土壤有机质、改良土壤、抑制杂草、保持水土等作用。

2.施肥：（1）基肥。以有机肥为主，化肥为辅。每年秋季枣果采收后，每亩施优质腐熟有机肥5000公斤、磷酸二铵200公斤，以环状沟或交替平行沟施肥为宜，已完成扩穴的枣园可以撒施翻压或放射状沟施肥。（2）土壤追肥。每年进行3次：第1次于萌芽前，每株施尿素0.5～1公斤，促进萌芽，有利于花芽分化；第2次于初花期，每株施磷酸二铵1～2公斤，有提高坐果率的功效；第3次于幼果期追肥，每株施氮磷钾复合肥1～2公斤，可促进果实生长，提高果实品质。可在树冠投影外缘挖15～20厘米深的沟，或于树盘内距树干50厘米以外挖多个小穴施入，施后覆土并立即浇水。（3）叶面喷肥。每年生长期，每隔15天左右喷1次，可结合喷药进行。生长前期以氮肥为主（如0.3%尿素），后期以磷、钾肥为主（如0.3%磷酸二氢钾），并且可根据需要补充某些微量元素。喷肥应选择在无风天的上午10时前或下午4时后进行，以利于叶片吸收。最后1次喷肥应距果实采收20天以上。

3.水分调控：枣园灌溉的时间及次数视土壤墒情而定，但萌芽前、初花期、幼果期、土壤封冻前必须浇水。果实成熟前1个月停止浇水，并注意排水。每次施肥后都必须及时浇水。

三、花期管理

1.开甲：半花半蕾期（全树开花30%～50%）开甲效果最好，果实大小均匀，产量高，品质好，果实成熟期一致。开甲过早，坐果率低，果实受第1代桃小食心虫危害较重，且采前遇雨时裂果率高；开甲过晚，果实个头小，产量低，味道淡。甲口宽度以3～6毫米为宜，壮树可宽些，中庸偏弱树可窄些，衰弱树应停止开甲养树。要求整个甲口宽度一致，不出毛茬。为防止灰暗斑螟幼虫为害，开甲后于甲口内立即涂抹50倍对硫磷液，每5天抹1次，连抹3～4次，晾甲15～20天后用泥将甲口抹平。开甲后30天左右甲口完全愈合为正常，若愈合过早，可环切一下；若愈合过晚，应及时采取补救措施促进愈合。

2.喷赤霉素：盛花期开甲后喷浓度为20毫克/升的赤霉素液1～2次，可提高坐果率。赤霉素不可多喷，以免坐果过多降低果实品质。赤霉素应先用少许酒精或50%以上的白酒溶解后再兑水，于上午9时前或下午5时后喷洒树冠。

四、科学修剪

1.休眠期修剪：

（1）幼树。以轻剪为主，充分利用枣头培养主侧枝和结果枝组，以迅速扩大树冠。

（2）成年树。疏除交叉枝、重叠枝、轮生枝、并生枝、细弱枝及无利用价值的徒长枝，使树冠内外见光、上下见光、层层见光。对先端下垂的骨干枝，应回缩至壮股、壮芽或壮分枝处，以复壮枝势。及时更新结果枝组，保持健壮枝组占多数。

（3）老树。及时更新复壮。

2.生长期修剪：

（1）抹芽。及时将各级枝条上萌发的无用芽和嫩枝抹掉。

（2）疏枝。及时疏除无利用价值的新枣头。

（3）摘心。将不作骨干枝、延长枝和结果枝组用的枣头进行摘心。弱枣头轻摘心，强枣头重摘心；空间大时轻摘心，空间小时重摘心。

五、及时防治病虫害

冬春季将落地枣吊、叶片、烂果收集深埋或烧毁，发芽前普喷1次3~5波美度石硫合剂，以消灭各种越冬病菌及害虫。

（1）防病害。6月底喷1次70%甲基硫菌灵1000倍液防治炭疽病等，7月上中旬、8月上旬各喷1次1∶2∶200波尔多液防治锈病等；7月下旬至果实采收前20天，每隔10天左右喷1次农用链霉素（每百万单位兑水6~10公斤），并交替混入70%甲基硫菌灵1000倍液或70%代森锰锌1000倍液，防治缩果病、褐斑病、烂果病等。发生锈病时，每隔5天喷1次20%三唑酮乳油1000倍液，连喷2~3次。

（2）防虫害。防治枣尺蠖，可于枣芽长3厘米左右时喷25%灭幼脲1000~2000倍液或50%辛硫磷1000倍液或50%马拉硫磷1000倍液，枣芽长5~8厘米时喷2.5%敌杀死2000倍液或2.5%功夫2000倍液。防治绿盲蝽象，可从萌芽至初花期，每隔7~10天喷1次药，可喷10%吡虫啉2500倍液+2.5%功夫2000倍液，或50%马拉硫磷1000倍液+2.5%溴氰菊酯2000倍液等；若花蕾受害严重，可在药液中加入喷施灵（5毫升喷施灵兑水40公斤），并株施尿素0.5公斤、浇水，促使枣吊延伸生长，分化出新花蕾。

（河北　刘勇　李海山）

甜樱桃保护地栽培技术

一、园地选择和设施建造

选地势高、不积水、雨季地下水位80~100厘米、背风向阳、四周无高大建筑物和树木遮阴的地块建园，土壤类型为疏松沙壤土。

设施为竹木结构的微拱式塑料薄膜日光温室。跨度8米，长56米，背高3.2米，后墙高2.5米，墙厚80～120厘米，墙体用水泥砖块垒成，后屋面长1.5米，采用塑料薄膜包玉米秸做成，上面压土，厚约50厘米，前屋面为微拱式，高1.2米，棚内设水泥支柱。后墙通风口大小为40厘米×40厘米，距地面1.5米，间距3～4米。天窗大小为50厘米×50厘米，脊顶处每3米开一个，前排支柱上侧每6米开一个。采用无滴聚乙烯棚膜。草苫厚3～5厘米、宽1.2～1.4米，长度比前屋面长0.5米。固定薄膜用8号铁丝，与墙接触处垫木板或砖，间距40厘米。

二、苗木定植

选干高50～60厘米、芽体饱满、根系发达、无病虫害尤其是无根癌病的健壮嫁接苗定植，株行距1米×2米。定植前每亩施有机肥2500～3000公斤。樱桃不耐涝，必须起垄栽培，垄宽1米、高0.4米，沟宽1米，沟底有一定的坡度，以利排水。大棚四周挖深度大于垄沟的排水沟，且与垄沟相通，形成一个畅通的排水系统，杜绝涝害发生。栽培时在垄上挖50厘米见方的树穴，穴内施入1公斤的有机肥，而后填入1锹表土，灌水，待水渗透后将苗木定植。定植后在垄上修小水堰，浇1遍水后整个垄面覆盖宽0.9～1米的黑色地膜，以利保湿增温并防杂草滋生，多雨时还可防止垄面积水，可促进根系生长，增强树势。定植后用细竹竿插在苗的旁边，用细绳将苗木固定，然后将苗木拉成80°～90°。拉干时同一行的方向一致，以方便管理。

三、整形修剪

1.整形：选干高50厘米左右的定植苗，中心干保持优势生长。其上直接着生8个单轴延伸的大型枝组，间距15～20厘米，螺旋着生，开张角为80°～90°，树高1.8～2米，整形时可通过二次摘心加速骨干枝的培养。

2.冬季修剪：甜樱桃的结果枝组有两类，即单轴延伸型枝组和分枝型枝组。单轴延伸型枝组有一长50～80厘米的中轴，其上着生多年生花束状短果枝与短果枝，是发育枝经连年缓放或轻短截而成。只要枝壮叶大，常年可用缩放法修剪，缓放时以中庸枝带头，缩剪时轻回缩到2～3年生枝段上，分枝型枝组枝轴短，分枝级次多，是由中强发育枝先短截后缓放培养而成。其上除花束状短果枝外，还有一定数量的长、中、短果枝，枝组的更新能力强，修剪时要根据中下部结果枝的结果能力，在枝组先端2～3年生枝段处缩剪。

培养健壮的树势是甜樱桃高产优质的基础。壮树的标志是外围新梢生长量在30厘米左右，枝壮、皮色深，结果枝具6～8片叶，叶大而厚，色深，花芽饱满。通过修剪要维持一定的枝量和花芽，枝头要清，对旺枝和弱枝分别抑强扶弱。

3.夏季修剪：为促生分枝和利于花芽分化，延长枝生长至30～40厘米时，可摘去梢顶10厘米而对其余枝梢和背上枝留5～10厘米重短截。5月间当新梢半木质化时，将直立枝、竞争枝、内向枝在离基部5厘米处轻轻扭转180°，使梢头向下或水平生长。春季萌芽期或秋季8月下旬至9月份进行拉枝开角，以缓和顶端优势，提高萌芽率。萌芽前对幼旺树和强枝及缺枝的部位进行刻芽与环割，刻芽是在芽上方5～6毫米处刻伤，深达木质部，环割在5月中下旬进行，可促进萌芽抽梢。

四、土肥水管理

展叶后，隔20天左右追肥1次，连续追肥3次，前期以尿素为主，中期以硫酸钾复合肥为主，后期以磷酸二氢钾为主，每次每株施肥25克，采用冲施或浇施。叶面补肥从新梢第6片叶完全展开时起，每隔7～10天喷1次300倍的尿素液，8月中旬至9月中旬尽量减少氮肥的用量，株施3～5公斤有机肥、0.25～0.5公斤硫酸钾复合肥和15～20克磷酸二氢钾。全园撒施，然后将肥料全部翻入土中。大棚浇水要少浇勤浇，使土壤湿润而空气保持干燥。具体操作是发芽前开沟浇，开花期局部浇，花后不浇水，果实膨大期晴天浇，成熟期局部沟浇。

五、增加坐果，提高质量

提高坐果率的措施是进行细致的人工授粉。用球式授粉器在竹竿顶端缠绑1块直径5～6厘米的泡沫塑料，外包洁净的纱布，在授粉品种和主栽品种的花序之间轻轻接触擦花，进行3～5次授粉。也可利用蜜蜂与壁蜂授粉。花期喷0.2%～0.3%的硼砂液或0.3%的尿素加0.3%的磷酸二氢钾液，花后5～10天喷赤霉素可提高坐果量。为了增加甜樱桃的单果重和提高果实的整齐度，可以采用疏花芽、疏花和疏果等措施。有7～8个花芽的花束状短果枝，可保留4～5个饱满的花芽。开花后再疏花，每个花束状的短果枝可留7～8朵花。生理落果后，疏除小果、畸形果和着色不良的果，以提高单果质量。

果实着色初期，适当摘除挡光叶片，树冠下铺反光膜，北墙拉反光幕，可促进着色。

在初花期，行间开2厘米深的沟，按每平方米60克的剂量施入多元素固体颗粒肥，施后覆土，保持土壤湿润疏松，可连续释放二氧化碳40天左右，有利于提高产量。

六、病虫害防治

甜樱桃保护地栽培中的病害有褐斑病、细菌性穿孔病、叶斑病、干腐病、根癌病及病毒病等，虫害有大青叶蝉、舟形毛虫等。

覆膜后，喷3～5波美度的石硫合剂，果实采收后喷500～600倍的70%代森锰锌液或700倍的50%多菌灵液。7～8月份喷2～3次200～240倍的石灰等量式波尔多液，防治叶片和树干病害。对病毒病采用隔离病源和中间寄主，防治和控制传毒媒介，利用和栽培无毒材料来控制。同时做好食叶类害虫的防治工作。

七、果实采收

当黄色品种底色褪绿变黄，阳面开始有红晕，红色、紫色品种果面全部变红时，表示已成熟可采收。保护地栽培的成熟期一般比露地早1~2个月。（江苏　谢艳梅）

苹果拉枝好处多　抓紧时机莫错过

苹果树的各级分枝常常会因角度不开或开角不到位，造成树势枝势不均衡，树形不规范，枝条紊乱，通风透光不良，营养生长旺盛，致使适龄树不结果，成龄树结果部位外移，严重影响果品质量和产量的提高。适时“强拉枝”是解决这一问题的有效技术措施。5月份苹果树枝还较软，自负重，开角易，伤口恢复快，背上冒条少，也可避免果实脱落，正是拉枝的又一适宜期，因此要抓紧时机进行拉枝。

1.拉枝的作用

苹果树拉枝有利于扩大树冠，加速成形，改善通风透光条件，调节养分和内源激素种类的运输和分配，调整树势，促使成花，充分利用空间，实现立体结果。

2.拉枝角度

根据品种特性和目标树形要求，一般永久性主枝拉至90° 左右，临时性小主枝和辅养枝拉至95° ~110° ，主枝上的枝组全部拉至自然下垂状态。

3.拉枝的时期

拉枝宜在生长期内进行。最佳时期为：3年以上骨干大枝和多年生强旺辅养枝宜在花后至5月中下旬（即春梢旺长期）进行，1～2年生骨干枝及未结果的多年生中庸枝宜在8月中下旬（即秋梢旺长期）进行。

4.拉枝方法

采取“一推二揉三压四定位”的方法。“一推”是指手握枝条向上反复推动；“二揉”是将枝条左右上下反复揉软；“三压”是在揉软的基础上，将枝条逐渐压至要求的角度；“四定位”是用塑料扎带、拉枝绳或细铁丝等将枝条固定好。1～2年生枝和侧生中小结果枝组经推揉后选用“ f ”形开角器，对推、揉、拉有困难的粗大枝在背后基部位置连续锯二锯或三锯，锯深达枝粗的1/3，锯间距3厘米，然后下压，埋地桩后用铁丝固定一年。

5.拉枝注意事项

一是不要拉成弓背形，否则很容易冒条；二是拉枝要和刻芽相结合；三是拉枝不能光拉主枝，主枝拉完以后还要拉侧枝，且保证主枝角度要大于90°、侧枝角度大于主枝角度。（陕西郭发定）

梨树冬刮树皮五注意

农谚说：“要想吃好梨，冬季刮树皮。”在冬季给多年生的梨树刮皮，能有效地铲除残存在梨树老翘皮内的梨黑星病、轮纹病、干腐病、炭疽病等病菌及梨小食虫、梨木虱、黄粉虫等害虫及虫卵，保证梨树健壮生长、多结果、结优质果。冬季给梨树刮皮时要注意以下五点：

1.刮皮要细致

刮皮时要从梨树三大主枝基部自上往下刮，尤其是对分杈处的老皮要认真细致地刮除干净，枝枝不漏，株株刮净。

2.要将刮下的树皮清除干净

刮树皮时要在梨树下铺垫麻袋或塑料布，将刮下的有病树皮清理干净，集中起来在空旷处烧毁，以避免再次侵染危害梨树，影响梨树正常生长。

3.刮皮要得当

正确的刮皮方法是：大树刮皮露白，小树刮皮露青。不应刮破木质部，以免因刮皮太重造成树势衰弱、死枝、死树等不良现象发生。

4.刮皮后抹药消毒

对刮过皮的梨树，待7～10天后用50倍的菌素清或腐必清药液涂抹枝干，杀菌消毒，千万不要边刮树皮边涂药液，以免造成药物中毒和死枝、死树情况的发生。

5.刮皮工具要卫生

凡用来刮梨树皮的刀具，都要清洁卫生、不腐不锈，每刮过一次带病斑的树皮后，都要及时用酒精或50倍的菌毒清药液消毒灭菌后再行使用，避免病菌再次侵染梨树，造成不必要的损失。（安徽　葛德光）

新植桃树促控关键技术

一、多措施促快长（萌芽～7月初）

1.栽苗之前蘸根处理。用ABT生根粉3号最好，不仅可提高苗木成活率，还可促进根系早长，增加生长量。先将1克生根粉加水25～50公斤制成溶液（可以处理桃苗800～1000株），再把苗木放入配好的生根粉溶液中浸根3～6小时，就可以栽植了。

2.地膜覆盖提高地温，促苗快长。铺地膜可增加地温，桃苗早发芽，早生长。另外，铺地膜保墒效果也好，可以避免因浇水引起的地面降温。

3.起垄栽植好处多。起垄加厚了土壤的活土层，提高了地温，增大了根冠比，还有利于排水，利于保持通风透光良好，改善了田间的小气候，减少了病虫害的发生。

4.幼苗不能缺水。苗木栽植之后一定不能受旱，保持适当的湿度有利于桃苗快长。

5.少施多次勤给肥，肥料种类多样化。除栽苗前施足底肥外，发芽后要勤追肥，遵循“少施多次、先少后多”的原则，肥料种类要氮、磷、钾肥与微肥及有机肥相结合。

6.叶面喷肥很重要。叶面肥可以多样化，尿素、磷酸二氢钾和精品叶面肥都可以，同时添加少量生长激素，例如赤霉素、萘乙酸（要严格控制用量）。

7.留芽立杆。不论采用主干形还是一边倒形，都要当机立断选留一壮芽，其余的抹除，芽长到10厘米高时应尽快绑缚在杆上。

二、促花用药要狠（7月上旬～落叶）

1.多效唑要看情况灵活使用。大棚桃如果侧枝和高度达到要求，就可喷多效唑调控，而且要加大浓度，加大到1喷雾器水兑3～5包（50克装）多效唑才有效果。露地桃树如果长得很旺盛，达到了理想的树形和枝量时，也可以加大多效唑用量，如果没达到理想的树形和枝量，可以适当减少多效唑的用量。同时，视喷药效果再补喷1～2次。

2.继续叶面喷肥。叶面肥可以结合喷多效唑进行，可以选含微肥、钾肥成分多的叶面肥，这样有利于叶片的光合作用，增加叶绿素的积累，形成更多、更饱满的花芽。

3.控制肥水，不要追肥和浇水。（山东　李德华）

石榴树环剥注意事项

环剥是石榴树生长季节常用的夏剪方法之一，环剥时间不同，目的则不同，5月份花期环剥可以提高坐果率，而6~7月环剥则有利于花芽分化，有促花的效果，但不同时期的环剥应掌握一定的原则和技巧。

1.环剥时期

5~7月，这期间可随时进行环剥，此期石榴树生长旺盛，剥皮后易产生愈合组织，在严格把握环剥技术的基础上，石榴树势恢复很快，不影响其正常生长发育。进入8月份以后，严禁环剥，否则伤口不易愈合。

2.环剥对象

主干、主枝、侧枝、大型辅养枝均可进行环剥，前提是树势过旺、偏旺或树势太强，对树势过弱者不提倡进行环剥。环剥的主要目的之一就是控制旺长，促进花芽的形成。弱树环剥更易形成大量花芽，开花结果会严重消耗树体养分，造成树势更加衰弱。生产中只对旺树、旺枝及不按时开花结果的树进行环剥。

3.环剥宽度

按干周粗的1/10~1/15进行环剥，不宜过宽或过窄，过宽伤口迟迟不愈合，过窄则愈合时间过早，起不到应有的作用。

4.环剥方法

主干环剥，在主干距地面10～20厘米处，选择树皮光滑的地方，用快刀沿主干横切一圈，深度达木质部，然后按干周粗的1/10～1/15宽往下或往上再横切一圈，同样深达木质部，在两横切口之间再纵切一刀，把皮层揭下即可。主枝、侧枝、大型辅养枝环剥可采取同样的方法。

5.伤口保护

剥皮之后，立即用旧报纸或塑料布把伤口包扎起来，因为石榴树伤口愈合必须在无光照的黑暗条件下才能产生愈伤组织，否则伤口会迟迟不愈合。

6.剥后管理

石榴树一般环剥后1个月伤口即可完全愈合，这时应解下伤口包扎物，以利树干的增粗生长。如果伤口过宽或环剥时间过晚，当年没能及时愈合的，树冠上部产生的碳水化合物不能及时供应根系，造成根系挨饿，根系不能很好地吸收土壤中的养分、水分，反过来又影响树冠的生长，造成叶片发黄，新梢生长受到抑制，产生脱肥现象。解决方法：①在夏剪中保留部分生长旺盛的根蘖苗，补充根系因环剥造成的碳水化合物供应不足问题。②及时给树冠喷施0.2%～0.5%的尿素和0.5%的磷酸二铵浸出液或1%的磷酸二氢钾液2～3次。（江苏　李兆杏　李曼卿）

薄壳香核桃及其栽培要点

薄壳香核桃是优良的核桃品种，且以其壳薄清香而出名。

1.特征特性

坚果近圆形，表面光滑、麻点少，壳厚1毫米，能取整仁，出仁率63.8%。仁色浅，风味独特，口感好。耐储存，常温下坚果可存放一年。成穗状或串状结果，内膛枝也可以结果。早实性好，定植当年就有部分开花坐果，但要摘掉，到第三年再开始留果。丰产性强，定植第三年单株结果可达2.5公斤以上，第5年进入结果盛期，6～8年树每亩高产可达500公斤。对土壤、气候和水肥等条件没有严格要求，适宜各类土质，全国只要最低气温不低于－29℃、海拔在2000米以下的地区都可栽植。耐旱、耐涝、耐瘠薄，抗风、抗冰雹、抗冻。主要病害是炭疽病，在苗期喷洒一次石硫合剂，或坐果后喷一次硫酸铜200倍液，即可达到预防效果。

2.栽培技术要点

选土质较好的平地，行株距4米×3米，每亩栽56棵；山坡地或土质较贫瘠的平地，株行距3米×3米，每亩栽75棵。栽植后一般不要施肥，待核桃苗萌芽高达10厘米以上再施肥。嫁接苗，嫁接部位以上的芽全部保留，嫁接部位以下的芽全部抹掉，如嫁接部位以上的芽死亡，可在嫁接部位以下萌发的枝条中选留一旺枝，其余抹掉，以便二次嫁接；微繁苗或原种苗的所有萌芽全部保留。定植5年内萌生侧枝越多产量越高，因而不需要修剪、整形，任其自然丛生生长即可。一般三年树冠达10多平方米，高度达2.5～3.5米。（山东　房洪才）

泡桐栽培技术

泡桐是我国的特产树种，具有很强的速生性，是平原绿化、营建农田防护林、四旁植树和林粮间作的重要树种。泡桐木材纹理通直、花纹美观、色泽悦目、材质轻软、密度低、尺寸稳定、不翘不裂，是生产单板材如胶合板、拼板、集成材等最优良的材料。泡桐材保温、隔热、绝缘性能优良，共振性非常好，辐射阻尼高，内摩擦小，是优良的弦乐器用材，可与著名的乐器用材鱼鳞云杉媲美。泡桐材的木纤维含量高达50%以上，也是生产刨花板、纤维板和造纸的优良原料。

一、适应范围

泡桐原产我国，分布很广，大致分布于北纬20°～40°、东经98°～125°之间，在海拔1200米以下的山地、丘陵、岗地、平原生长良好。耐干旱能力较强，在年降水量400～500毫米的地方仍能正常生长，但不宜在强风袭击的风口和山脊处栽植。泡桐为喜光树种，不耐荫蔽，多栽于四旁，在土壤肥沃、深厚、湿润但不积水的阳坡山场或平原、岗地、丘陵、山区栽植，均能生长良好。

二、栽培要点

1.选择良种。通常所说的泡桐，实际上是泡桐属的总称。该属共有9个种，适宜在南方生长的种是白花泡桐或以白花泡桐为亲本的杂交种。江西省抚州市林业科学研究所选育出来的6个泡桐无性系，生长迅速、干形通直、枝下树干高、适应性强，是适宜在长江以南地区推广的优良品系。

2.埋根育苗。育苗地可选背风向阳、以沙壤土或壤土为主的圃地，做高15～20厘米的高垄苗床，选用1～2年生苗根，以直埋根为好，埋根株行距以1米×0.8米或1米×1米为宜，施足基肥，在6月～8月生长旺盛期追施速效化肥，促使其快速生长。

3.造林。四旁造林要求挖大穴、施足基肥，山地造林要求带状梯田整地，松土层厚度为50～70厘米，并施足基肥，以达到造林当年快速生长的目的。以林为主的造林密度为5米×5米，每亩栽26株；林粮并重的造林密度为5米×10米，每亩栽13株；以粮为主的造林密度为4米×30米,每公顷栽6株。（江西　姜晓装　秦爱文）

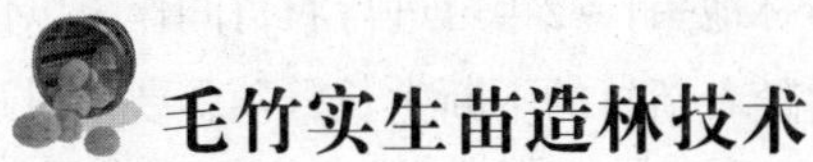

毛竹实生苗造林技术

毛竹实生苗是利用毛竹种子培育的竹苗。利用毛竹实生苗造林具有适应性强、发笋旺盛、运输方便、成本低廉等优点。由于实生毛竹苗分蘖力强，可连年发笋，一代比一代粗大，因此栽植后只要管理得当，一般6～10年即可成林成材。现将毛竹实生苗造林技术介绍如下：

1.造林地的选择

毛竹喜温暖湿润气候，适宜在年平均温度15～20℃、年降水800～1800毫米的地区生长。立地条件要求土层深厚肥沃、排水良好、地下水位较低、酸性或微碱性的壤土或沙壤土。因此，在选择造林地时应尽量选择水温条件适宜、土层深厚肥沃的山地或台地，避免选择过于干燥的山坡和盐碱低洼积水地。

2.造林地的整理与栽植

栽植前要求对造林地进行细致整理。整地一般采用全刈加大穴的方式，即全面清除造林地上的杂灌木，再挖大穴。挖穴规格为80厘米×80厘米×40厘米，株行距可采用3米×3米或4米×4米。栽植时间可在秋末冬初或春季进行。毛竹实生苗起苗时要尽量带宿土，并适当疏去枝叶。栽植时要用细土分层踏实，并培土呈馒头状，这样可防止栽植穴积水造成烂鞭，提高竹苗的成活率。

3.抚育管理

毛竹实生苗造林后要及时进行抚育管理，促进竹苗早日成林成材。抚育管理主要措施有锄草松土、施肥培土、护笋养竹、病虫害防治等。新造林地头1～2年可进行农竹间作，以作代耕，增加林地效益。造林后随着新竹的不断生长繁殖，要及时疏除一些老、小竹株，调整林分密度，使竹株分布合理。（江西　黄建东）

茶园早春低成本覆膜技术

一、备好物料

每亩茶园用旧棚膜800平方米左右、12号钢丝45公斤、装沙用的袋子200个，压膜绳、钢丝、12号铁丝若干。

二、覆膜季节

为了提前打破茶树的休眠期，可在立春前后，即日最低气温在0℃左右时，便可以覆膜。

三、覆膜顺序

1.埋坠石。首先在茶园的北面距离茶树30厘米处贴地拉紧一根钢丝，每2～3米埋一坠石（埋深60厘米，石头重15公斤以上），用12号铁丝固定在钢丝上。茶园的南面也需要拉一根钢丝，以备压膜用。

2.架设擎膜钢丝。覆膜茶园架钢丝可分为几组，每三行茶树为一组，在北面茶行架设一根钢丝（高于茶树10厘米），中间两茶行各架一根（高于茶树20厘米），南面茶行架一根（高于茶树10厘米），此茶行必须留出40厘米的空间，以便用沙袋压膜、放风降温时行走。架钢丝时可用紧丝机拉紧，再用小棍每2米左右擎紧钢丝。

3.覆膜。覆膜选择在无风有阳光的天气，在上午10时至下午2时进行。首先将所需塑料膜在茶园内展开，晒半小时，旧膜的皱能拉平时，在茶园的北边把膜用土压实，膜的东西方向要拉紧，压膜的钢丝必须露出，以备压膜用。

4.压膜。用沙袋在每三行茶树的南面将膜压紧在地面上，膜要拉平，每2米压1个沙袋。东、西、南三面用土压实。采茶时可用沙袋压在这三面。然后每2米用一根压膜绳从北到南将膜压住，压膜绳可稍松，再用沙袋压在压膜绳上。

5.开降温放风口。在每组的两行茶空中，每隔2米左右开一个30厘米见方的放风口，然后用胶带粘一块大于此口的塑料膜。此膜要粘两根尼龙批，以便有风时将放风膜系住。粘放风膜时必须将膜上的灰尘擦干净。

四、覆膜后管理

早春时节，天气依然寒冷，早晚要闭严风口，尽量减少膜内热量散失。晴天光线较足时，膜内的最高气温应控制在26～28℃，超过28℃就要开始放风降温。下午降到18℃时要闭严风口。为防止茶叶病害滋生，阴天也稍放风，以降低空气湿度。随着气温升高，降温口应多开些。需要喷药时，要在无风有阳光温度将要升高时（8～9点钟），将膜收放到北面。

五、采茶

覆膜后20天左右，茶树便萌发出新芽。为保证茶叶的品质，膜内温度宜低，放风口应多开，要早敞晚盖，同时为以后的揭膜采茶创造条件。采茶要在上午8点以后、温度适宜、无风的天气时进行。可将覆盖的膜收到北面，下午再把膜覆盖好，用沙袋压好东、西、南三面。

六、撤膜

随着天气转暖，当日最低温度高于12℃时，应逐渐将膜揭去。

七、注意事项

1.覆膜必须用有流滴消雾型的旧棚膜。

2.覆膜后禁施任何肥料。

3.膜上灰尘要擦拭干净。

4.有强风时，必须用沙袋和压膜绳将膜压牢。

因各地气候不同，对以上茶园覆膜技术，请各地茶农对本地茶园的可行性，咨询当地农技专家。采用本覆膜技术，可使茶叶采收时间提前20～30天，每亩增加收入千元以上。（山东　周克来）

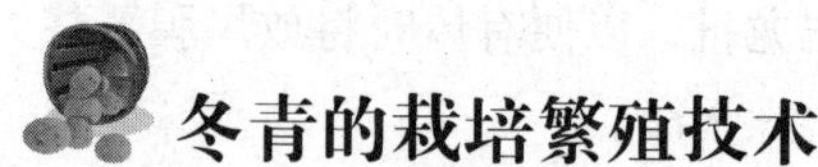

冬青的栽培繁殖技术

冬青，又名大叶黄杨，为常绿灌木，叶色浓绿，叶边缘有锯齿，枝叶繁茂，四季常青，是优良的用作绿篱绿化环境的花木品种。

冬青适宜种植在湿润半阴之地，喜肥沃土壤，在一般土壤中也生长良好，对环境要求不严。当年栽植的小苗，一次浇透水后可任其自然生长，视墒情每15天灌水1次。结合中耕除草，每年春、秋两季适当追肥1～2次，一般施以氮为主的稀薄液肥。每年发芽长枝多次，所以极耐修剪。夏季要整形1次，秋季根据不同的绿化需求，可进行平剪或修剪成球形、圆锥形，并适当疏枝，保持一定的冠形枝态。冬季比较寒冷的地方，可采取堆土防寒等措施。病害以叶斑病为主，可用多菌灵、百菌清防治。

冬青繁殖一般以扦插为主，多在5～6月份进行。从树冠中上部剪取长5～10厘米生长旺盛的侧枝，剪除下部小叶，上部叶片可全部保留。然后用生根粉处理，剪口向下，扦插于苗床内。苗床地宜选择在通风、阴凉处，也可遮阳扦插，成活率极高。（河南　邓广军）

薰衣草及其栽培技术

薰衣草为唇形花科薰衣草属多年生常绿耐寒亚灌木，又名灵香草、香草、黄香草，原产地中海沿岸及大洋洲列岛。其叶、茎、花全株都具浓香，香味浓郁而柔和，无刺激感、无毒副作用，被广泛应用于薰茶、医药、化妆、洗涤、食品。薰衣草也适合盆栽或庭院栽培。其叶形花色优美典雅，其香味可以清脑明目，使人有舒适感，还有驱蚊蝇、逐虫蚁的作用。

一、形态特征

薰衣草丛生，多分枝，常见的为直立生长，株高依品种有30～40厘米、45～90厘米，在海拔较高的山区，单株能长到1米。薰衣草叶暗绿色、丛生或对生、线状披针形，长3～6厘米、宽约0.6厘米，叶上有茸毛。穗状花序顶生、长15～25厘米；花冠下部筒状，上部唇形，上唇2裂，下唇3裂；花长约1.2厘米，有蓝、深紫、粉红、白等色，常见的为紫蓝色。花期5～8月，花后结籽，籽实10～11月成熟。种子黑色、长圆形、坚硬，种皮上有革质亮光，种子发芽年限3～4年。

二、繁殖方法

薰衣草的繁殖方法主要有播种、扦插、压条、分根4种，生产上主要采用扦插法和播种法繁殖。

三、栽培管理

1.土壤：适宜在微碱性或中性的沙质土上栽培。盆栽须特别注意选择排水良好的介质，可以将1/3的珍珠石、1/3的蛭石、1/3的泥炭苔混合后使用。如露地栽培，则要注意土壤的排水，可将土堆成高畦后再种植。

2.浇水：薰衣草喜干燥，不喜根部常有水滞留。在浇一次透水后，应待土壤干燥时再浇水，以表面培养介质干燥、内部湿润、叶片轻微萎蔫为度。浇水要在早上，避开阳光，水不要溅在叶片及花上，否则易腐烂或滋生病虫。持续潮湿的环境会使根部缺氧而生长不良，甚至会突然全株死亡，栽培薰衣草失败的原因常常就在这里。

3.光照：薰衣草是全日照植物，需要充足的阳光及适宜的环境，以能够给予全日照的环境较佳，半日照亦可生长，但开花较稀少。夏季应至少遮去50%的阳光，并增加通风以降低环境温度，如此虽生长衰弱，但不致死亡。冬季薰衣草在平地即可生长良好，应在全日照下栽培。

4.温度：薰衣草为半耐热性，好凉爽，喜冬暖夏凉，生长适温15～25℃，在5～30℃均可生长，限制温度35℃以上，长期高于38℃顶部茎叶会枯黄。北方冬季长期在0℃以下即开始休眠，休眠时成苗可耐-25℃～-20的低温。

5.施肥：盆栽施肥可将骨粉撒在盆土内做基肥（每3个月施1次），小苗可施用花宝二号，成株后再施用含磷较高的肥料如花宝三号。宜施淡肥。

6.修剪：薰衣草花朵的精油含量最丰富，利用时以花朵或花序为主。为方便收获，栽培初期的一些小花序可用大剪刀整个理平，新长出的花序高度一致，有利于一次收获。有些品种植株高度可达90厘米，用此法可使植株低矮，促使多分枝、多开花，增加收获量。开完花后，可将植株修剪为原来的2/3，株型会较结实，并利于生长。修剪时期要在冷凉季节，如春、秋时分，一般是在春天修剪，在秋天修剪会影响耐寒性。修剪时注意不要剪到木质化的部分，以免植株衰弱死亡。

四、常见病虫害

薰衣草少有虫害。病害主要是根腐病，在高温和积水环境下发病率最高。防治方法：用多菌灵、百菌清800倍液灌根，每月1次，特别是6～10月，要注意防止积水，保持空气干燥。（黑龙江　韩继龙）

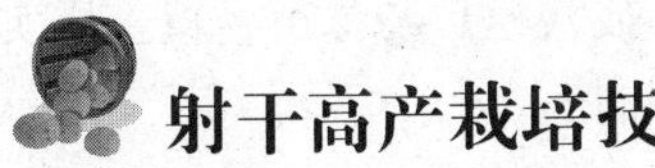

射干高产栽培技术

射干又叫寸干、乌扇、金蝴蝶，属鸢尾科植物，以根茎入药，具有清热、解毒、化痰、利咽的功能。其根茎中含有次野鸢尾黄素、射干酮等成分，有抗炎解毒、抗病毒、利尿和抑制宫颈癌细胞等作用。射干主产于湖北、河南、江苏、安徽等省，浙江、福建、陕西、贵州、广西、广东等省区也有分布。

射干喜温暖，气温在20～25℃、土壤湿度为50%时，种子开始萌动；当气温在25～35℃、光照时间长、土温高、雨量充足时，射干生长旺盛；射干耐旱、耐寒，在气温为-17℃的地区可以自然越冬。射干对土壤要求不严，在地势较高、肥沃疏松、排水良好的沙质壤土中植株生长良好。土壤酸碱度以中性和微碱性为好。低洼积水地根茎易腐烂。

1.选地整地

射干种植地，宜选择地势较高、向阳、土层深厚、排水良好的沙质壤土地、平地或缓坡地。如用荒山坡地种植，宜在头年秋、冬季翻地，使其有一段时间的风化熟化过程，到翌年春季再翻耕1次，除去树根、杂草、石块。用耕地种植的，在种植前翻耕1次，每亩施堆肥或厩肥2000公斤、过磷酸钙25公斤、饼肥50公斤做基肥，施后浅耙1次，使肥土混匀，起宽120～130厘米的高畦，或起宽50～60厘米的垄种植。

2.种植

在3月春种或在11月秋种均可。种植时，在整好的畦面上，按行株距25厘米×20厘米或30厘米×20厘米开穴，穴深15厘米，穴底施入土杂肥0.5公斤，并与穴土拌匀，然后每穴放入种茎1～2段，芽眼向上，或穴植1～2株苗，覆土压实，浇入稀薄人畜粪水后再覆土整平畦面。

射干如采用种子直播，可进行春播或秋播。春播在3月初进行，秋播在10月进行。在整好地的畦面上按行距30厘米、株距25厘米挖穴，穴深6厘米，将穴底整平，每穴先施入干粪肥0.5公斤，与穴内土拌匀后，盖上厚约2厘米的细土。每穴播入种子5～6粒，播后覆盖细土，畦面盖草。播后加强管理，经常浇水保持畦土湿润，以利于种子发芽出土和幼苗生长。幼苗出土后及时中耕除草，在苗高6～10厘米时间苗，间去弱苗、小苗，留下壮苗、大苗，每穴留苗1～2株。每亩用种量约为5公斤。

3.中耕除草

射干出苗后或移栽成活后，要勤中耕除草，以利于植株生长，通常每年进行3～4次。如果是春播的第一年，分别在5月、7月、11月进行1次。第二年进行3次，分别在3月、6月、11月进行。封行后不再中耕除草。另外，每年11月植株枯黄后，结合中耕除草培土1次，用沟内的细土培在根际周围，以利于植株越冬，防止倒伏。

4.追肥

射干是喜肥植物，除施足基肥外，在第二年的春、夏、秋、冬季各追肥1次。春、夏季追肥，每亩施人畜粪水1500公斤或尿素25～30公斤，在植株外10厘米处开穴施下。秋季每亩施厩肥、草木灰混合肥1500～2000公斤和复合肥25公斤，施后培土。冬季每亩施腐熟厩肥1500公斤、草木灰20公斤、过磷酸钙25公斤、复合肥30公斤，混匀后施下，施后培土。前两次追肥可促进地上茎叶生长，以后两次追肥则可促进根茎生长，提高产量。

5.排水灌水

射干怕水涝，大雨后要及时疏沟，把地里的水排除掉，以防根茎腐烂。射干虽耐旱，但在苗期和移栽后要保持畦土湿润，以利于幼苗生长。在苗期如遇干旱，要适当浇水或灌溉。苗高10厘米以后，可少灌水或不灌水。

6.摘蕾

采用根茎种植的，当年便可开花；用种子育苗移栽或直播的，要到翌年才开花，而且其花期长，开花结果多，要消耗大量养分，影响根茎生长。除留种地外，要在植株抽薹时选晴天早晨露水干后把花蕾摘除，并分期分批摘除干净。（广西　陆善旦　凌征柱　姚信）

中药材白芍的栽培加工方法

白芍为毛茛科多年生草本植物，是一种常用的中药材。白芍以根茎入药，具有柔肝、养血、敛汗、止痛的功效。现将其栽培及加工方法介绍如下：

1.精细整地

选择深厚、疏松、富含有机质的土壤，进行深耕，精细整地，使土壤松碎、平实，便于栽培。如果选在庭院，因庭院土壤板结，栽培前应对土壤进行2～3次深耕。

2.栽培时间

以植株枯萎后的秋季到次年早春为宜。这段时间正值白芍的休眠期，时间长，为栽好白芍提供了充足的时间。

3.栽培方法

有种子育苗栽培和分种芽栽培两种，一般以分种芽栽培为主。种芽的来源是在白芍起挖加工的同时，将已形成的植株芽苞从蔸茎上面逐一分开，使每个芽苞有3～5厘米长的肉质茎连生着，这样才能保证芽苞正常出土生长。在栽培时，先在整好的地块上挖穴，穴的大小以长宽为20厘米×20厘米、深15厘米为宜，然后将种芽放入穴内，每穴放1～2个种芽，种芽要朝上，不能乱放，避免种芽歪倒造成闷芽。种芽放好后，用充分腐熟的农家肥和土杂肥，加少量的过磷酸钙，拌好后施入穴内，上面再用细肥土覆盖。穴距和行距均为50厘米。

4.栽后管理

对当年栽培的白芍可用农作物秸秆覆盖，这样既可保墒又可防杂草滋生，但在早春芽苞即将出土前要揭开覆盖物。以后的田间管理主要是防、除杂草，对栽培1年以上的白芍，每年在冬末或早春要施一定量的稀薄肥料，以促使地下肉质根增多、增粗。这样栽培3～4年后即可起挖加工。

5.起挖加工

在立秋后，选栽培3年以上的白芍起挖加工，这样的白芍根粗、药性足、产量高。采挖出的根要先洗去泥沙，切去头尾及细根，然后按粗细分别投入沸水中，保持微沸，煮至无硬心后，迅速捞出放入冷水中浸泡，刮去外皮，晒1天，再堆放，使内部水分出来后再晒，反复操作至干透为止。加工制干好的成品标准为：呈圆柱形、平直或稍弯曲，两端平截，长5～18厘米，直径1～3厘米，表面光滑，粉白色或淡红棕色，外皮未除尽处会出现棕褐色斑痕，有明显纵皱及须根痕，偶可见横向皮孔。质坚实，不易折断，折断面略平坦，灰白色或象牙白色，有明显的环纹，中间现“菊花纹”。气微，味微苦酸。加工制干好的成品要放在干燥处妥善保管，以待出售。（湖北　夏家超）

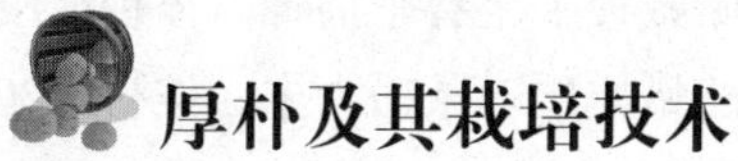

厚朴及其栽培技术

厚朴为木兰科植物，有行气消积、燥湿除满、降逆平喘的功效，我国自古将其作为治肠胃病要药。

一、特征特性

落叶乔木，高5～15米。树皮紫褐色，小枝粗壮、淡黄色或灰黄色。冬芽粗大、圆锥形，芽鳞被浅黄色茸毛。叶柄粗壮、长2.5～4厘米，托叶痕长约为叶柄的2/3。叶近革质，叶片7～9片集生枝顶，长圆状倒卵形，长22～46厘米、宽15～24厘米，先端短尖或钝圆，基部渐狭成楔形，上面绿色、无毛，下面被灰色柔毛。花单生，芳香，直径10～15厘米，花被9～12瓣或更多，外轮3瓣绿色，盛开时向外反卷，内2轮白色、倒卵状状匙形；雄蕊多数，长2～3厘米，花丝红色；雌蕊多数，分离。聚合果长圆形、长9～15厘米，蓇葖果具向外弯的喙。种子三角状倒卵形，外种皮红色。花期4～5月，果期9～10月。

厚朴分布于陕西、甘肃、浙江、江西、湖北、湖南、四川、贵州等地。安徽、浙江、江西、福建、湖南现已有人工栽培。

厚朴喜生于温凉湿润气候和排水良好的酸性土壤上，常生于山坡山麓及路旁溪边的杂木林中。喜温凉湿润气候，怕炎热，能耐寒。幼苗怕强光，成年树宜向阳。宜选疏松肥沃、富含腐殖质、呈中性或微酸性的粉沙质壤土栽培。山地黄壤、黄红壤也可栽种。

二、栽培技术

1.用种子、压条和扦插繁殖

（1）种子繁殖：在9～10月或10～11月采收成熟果实即可播种，或用湿沙储藏种子至春季播种。播种前浸种48小时，然后用沙搓去种子上的蜡质层。条播为主，按行距30～33厘米，粒距3～6厘米，将种子播于沟内，并覆土盖草。每亩用种量10～15公斤。苗期要经常除草，每年追肥1～2次，多雨季节要防积水，并搭棚遮阴。

（2）压条繁殖：在11月上旬或2月选择生长10年以上成年树的苗蘖，横割断蘖茎一半，向切口相反方向弯曲使茎纵裂，在裂缝中夹一小石块，培土覆盖。次年生出多数根后割下定植。

（3）扦插繁殖：2月选茎粗1厘米的1～2年生枝条，剪成长约20厘米的插条，扦插于苗床中培育。繁殖的幼苗，均于2～3月或10～11月落叶后定植，按株行距3米×4米或3米×3米开穴，每穴栽苗1株。

2.田间管理

幼树每年中耕除草2次。林地郁闭后一般仅冬季中耕除草、培土1次。结合中耕除草进行追肥，可施人畜粪肥、厩肥、堆肥等。

3.病虫害防治

叶枯病，可喷1：1：100波尔多液防治；根腐病、立枯病，可拔除病株，病穴用石灰消毒，还可喷50%托布津1000倍液防治。虫害有褐天牛，可捕杀成虫。

4.采收和储藏

定植20年以上即可砍树剥皮，宜在4～8月生长盛期进行。根皮和枝皮直接阴干或卷筒后干燥，分别称根朴和枝朴；干皮可环剥或条剥后，卷筒置沸水中烫软，埋置阴湿处发汗。待皮内侧或横断面都变成紫褐色或棕褐色，并出现油润或光泽时，将每段树皮卷成双筒，用竹篾扎紧，削齐两端，曝晒干燥即成。（甘肃　杨树栋）

仿野生灵芝种植技术

1.品种选择

仿野生灵芝“长脚紫芝07-6”“弯脚紫芝06-5.5”两个紫芝(黑芝)品种株形端正，色泽油亮，品种适应性强，海拔300米以上地区均可种植。

2.栽培材料选择

主要以阔叶段木为主。选用材质硬、单宁含量高的树种材料做栽培菌材产量高、质量好、回报期长，而选用材质疏松的树种材料做菌材则出菇期短、产量低、质量差。研究表明，麻栎、栓皮栎、梨树、杨梅树、青岗、枫香为上，桃树、泡桐、盐肤木次之，锯末农用下脚料更次，尽量不要用含有芳香油的树种及针叶木。

3.栽培菌材制备

所选用菌材树龄以5～20年为宜，于农历9月落叶后至翌年2月抽枝前砍伐，削平树钉截成15厘米长，装入26厘米×50厘米×0.05毫米的灵芝专用栽培袋中，注意不要让木质纤维扎穿袋子，以免造成后期污染。

4.混合料的加入与比例

混合料是填充袋内段木与段木之间的主要物质，它是灵芝菌丝体最初的营养源。其配方为：阔叶木屑75%、细米糠或麦麸21%、白糖或红糖1%、石膏1%、硫酸镁0.1%、合成色素0.3%、合成蛋白胨0.54%、灵芝生物素0.06%、腐质土1%，料水比为5：5。将硫酸镁、生物素、色素、合成蛋白胨、白糖溶入水中，与上述原料拌匀，填入已装好段木的栽培袋中，汴意段木与段木之间的空隙一定要填实，料面超出段木面2厘米即可封袋，并立即进入灭菌程序。

5.灭菌

灭菌可采用高压或常温蒸笼，无论采用哪一种灭菌，都要考虑料之间的水蒸气流通，以收到充分灭菌的效果，采用高压灭菌的，升火前应打开放气阀门，当水蒸气大量喷发时，关闭放气阀，加大火力，当压力表盘为 0 .15帕第一次放气时开始计时，在此气压下持续4个小时即可停火。当压力表降至0帕时，打开放气阀排气，把压力锅门打开自然降温。采用常用灭菌的，在蒸笼底部一角放一支温度计，升火后温度至100℃时开始计时，维持12个小时后停火，闷上一夜，然后打开蒸笼门让其自然降温。

6.接种

当料温降至40℃时，移入接种袋或接种箱中，然后放入酒精、棉塞、包扎带、气雾消毒盒、火机、接种钩、菌种，菌种最好用百菌清或5%升汞水浸洗，同时清除有红、绿、黄等色杂菌的菌种，每四筒料放一包菌种。一切就绪后封闭接种箱，点燃消毒盒20分钟后可实现接种，接种时操作人员预先用75%酒精消毒双手，然后小心伸入接种箱中，从尾部撕开种袋接种，种头接近棉塞处的表皮弃之不用。

7.培养

接种完毕，筒料马上放入培养室培养，此时培养室温度保持24~30℃，12小时后种子开始萌发吃料，20天后当菌丝长至筒料一半时，把接种端袋口稍稍打开通气培养，菌丝长满后，零星出现原基时，进入菌棚排场管理。

8.入土排场管理

场地选择背风、水源好、日照短的场所，搭好遮阳篷，高度要求2米以上，阴度要求五分阴五分阳，四周开排水沟，中间开厢，厢宽2.5米，长不限，厢与厢之间留30厘米人行道，把移到芝场已长好的筒料外袋撕掉，并排紧靠人行道两旁，然后用地膜覆盖防雨，在地膜上撒上细土，以不见地膜为宜，4~5天后扒开细土，撕开地膜，观察菌丝已恢复，并且相互连接时，即可把地膜全部取走，盖上细土，土高出筒料2厘米，上面撒上树枝、树叶等，此后经常喷水保湿，当气温升至18~24℃时会大量现蕾，此时可根据需要，摘除太密的菌蕾，以防灵芝开伞时形成连体芝。如需要制作特大灵芝，可加厚覆土，在需要长芝的地方让菌筒小面积裸露，用草木灰水喷洒这个部位，进行定点刺激、定点出菇，如在这个部分出现多个芝柄，即可以除小留大，选无虫害的一个芝柄。制作一个特大灵芝需要做好预算："长脚紫芝

07–6”每百公斤柴种一年可产五年，第一年可产1公斤干品，第二年可产2公斤干品，第三年可产1.5公斤干品，第四年可产1公斤干品，第五年可产0.5公斤干品。如果想入土当年制作一个 5 公斤重的灵芝，则一定要放足500公斤菌材。如果想制作更大的灵芝，那么就要考虑配方上的生物素的加足量。灵芝是保健品，所以整个制作过程中不能用多菌灵、敌敌畏等含硫物质。如果灵芝出现害虫，可用紫外线灯于夜间灭杀，每晚灭杀4个小时即可，每50平方米放上一支紫外线灯。如菌体上已经出现害虫，那就只能用手工捉杀，或摘除出售。（贵州　陈孝发）

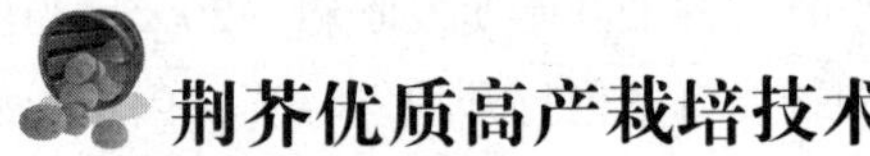

荆芥优质高产栽培技术

荆芥又名香荆芥，为唇形科荆芥属一年生草本植物，以带根及花穗的全草供药用，具有解表散风、透疹、止血等功效，主治感冒、头痛、咽痛、皮肤瘙痒等症。

一、生长习性

荆芥喜欢温暖潮湿的气候和阳光充足、雨量充沛的环境，对土壤要求不严格，但以疏松、肥沃、排水良好的沙质壤土为好。土壤黏重、瘠薄及低洼积水的地块不宜种植。

二、选地整地

选择土层深厚、土质疏松肥沃、排水良好的地块种植。种植前土壤深翻30厘米，结合整地，每亩施入腐熟厩肥或堆肥3000公斤翻入土中作基肥，并整平耙细，再做成宽1.3米的高畦。

三、栽种

1.播种：春、夏两季均可播种，春播在3月下旬～4月上旬进行，秋播在9～10月进行。在整好的苗床上，先浇透水，然后把种子均匀撒播在畦面，随即覆盖一层细土，厚度以不见种子为宜，然后盖草保温保湿，以利出苗。出苗后揭去盖草，苗高5～7厘米时间苗，苗高15厘米时移栽。

2.移栽：在5～6月适时移栽。移栽前1天灌水湿润苗床，移栽时按行距20厘米、株距20厘米的规格挖穴，每穴栽入大苗2～3株或小苗3～4株，栽后覆土将根部压紧，并浇定根水。

四、田间管理

1.中耕除草：苗高10～15厘米时，结合间苗、补苗，进行中耕除草。移栽大田的幼苗缓苗后结合补苗进行中耕除草；苗高30厘米时，再中耕除草1次。封行后不再中耕。

2.追肥：每次中耕除草后均追肥1次。移栽缓苗后，结合中耕除草，每亩追施腐熟人畜粪水1000～1500公斤；苗高30厘米时，每亩追施腐熟人畜粪水1500～2000公斤。

3.水分管理：苗期需水量大，遇干旱时应及时浇水。成株后，节制用水。荆芥怕涝，雨季要及时疏沟排水。

五、病虫防治

1.立枯病：5～6月发生，发病初期茎基部变成褐色，后收缩、腐烂、倒苗。发病初期，可用50%多菌灵可湿性粉剂800倍液喷雾防治。

2.茎枯病：危害叶、茎、花穗。叶片感病后，呈开水烫伤状，叶柄出现水渍状病斑；茎部染病后，出现水浸状褐色病斑，后扩展成绕茎枯斑，造成上部茎叶萎蔫；花穗染病后呈黄色，不能开花。发病初期，可用50%多菌灵可湿性粉剂800倍液，或50%甲基硫菌灵可湿性粉剂1000倍液喷雾防治，每隔7天喷1次，连喷3次。

3.黑斑病：叶片发病后，初期出现不规则的褐色小斑点，而后扩大，叶片变黑枯死；茎部发病后呈褐色变细，后下垂折倒。发病初期，可用65%代森锌可湿性粉剂500倍液，或50%多菌灵可湿性粉剂800倍液喷雾防治，每隔7天喷1次，连喷2～3次。

六、采收加工

当花盛开、花序下部有2/3已经结籽、籽实变黄褐色时，选晴天齐地面割取或连根拔取全株。收后直接晒干。连根拔取晒干的称全荆芥，将花穗剪下晾干的称荆芥穗，齐地面割取晒干的称荆芥。质量以身干、色淡黄绿、穗长而密、香气浓者为佳。

（山东　蒋学杰　赵纪润　蔡玉峰）

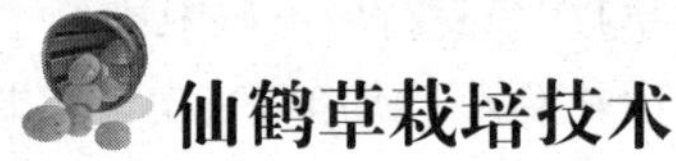

仙鹤草栽培技术

中国仙鹤草为蔷薇科龙牙草植物的全草，在我国东北及全国其他大部分地区均有分布。仙鹤草味苦涩，性平，归肺、肝、脾三经，有收敛止血、补虚、止痢功效，传统主要用于各种出血症及赤白痢疾、劳伤脱力等。由于现代药理和临床经验的日趋积累，其许多新的作用及用途不断被发掘，如抗凝和促凝的双相调节作用，杀虫、抗肿瘤等。仙鹤草除药用外，大家在日常生活中也常用来泡茶及食用。

仙鹤草的适应性、抗逆性均较强，在自然条件下，在林下、路边、沟边均能生长。生长适宜温度为15～20℃。在我国华北以南地区，仙鹤草的生长发育期可分为以下几个阶段：3月中下旬进入幼苗期；5～8月进入营养生长旺盛期；8月开花；10月为种子成熟期；入冬前受霜冻地上部分枯死，翌年春季萌发继续生长。在低海拔冬、春季无霜区，可全年常绿。

1.选地整地

仙鹤草对土质要求不严，在各种气候条件下都可生长，但以栽种在疏松、肥沃的沙质壤土上生长良好。选好栽种地块后，于早春土壤解冻时翻耕耙细，每亩施腐熟农家肥2000公斤、过磷酸钙25公斤，做成高20～25厘米、宽120厘米的栽植床。

2.栽种方法

（1）种子繁殖：既可春播也可秋播。南方春播在3月中旬、秋播于9月至10月上旬；北方春播在4月中下旬，秋播于10月下旬至11月上旬土壤结冻前。条播按行距30～35厘米开1～2厘米深的沟，将种子均匀播入沟内，覆土2厘米，稍加镇压，播后及时浇水；也可整地做畦，挖穴，穴距30厘米，每穴点播种子5～6粒，覆土，镇压。

（2）分根繁殖：春、秋季均可进行。将根挖出劈开，保证每个根带有2～3个根芽，及时栽种，穴栽按30厘米×15厘米的行穴距，挖约15厘米深的穴，每穴栽1根，覆土5厘米压实。如果已出芽，栽时将芽露出地面，栽后灌水，出苗率可达95%以上。

3.田间管理

（1）查苗补苗：播种出苗后，苗高3～4厘米时间苗、补苗。苗高10厘米时定苗，每隔15～20厘米留苗1～2株。

（2）中耕除草：苗期结合查苗、补苗进行一次除草。此时因为苗小，最好用手拔除杂草。浅锄松土2～3次，每半个月进行1次。6月中下旬封垄后不必松土，但要及时除草。

（3）施肥：于定苗、封垄前各施肥1次，以后每年早春及每次收割后需再次追肥。以全草入药的可多施氮肥。每年每亩施入人粪尿1000～1500公斤或硫酸铵10～15公斤，施肥后随即培土。

4.病虫害防治

（1）白粉病：主要危害嫩叶嫩芽，被害叶面产生黄褐色病斑，病斑上生白色粉末状物质。被害叶芽不展，呈皱缩状，后期枯死。防治措施：适当控施氮肥，增施磷、钾肥；田间排水降湿；发病初期喷洒20%石硫合剂100倍液或50%多硫可湿性粉剂500～600倍液、50%粉锈清悬浮剂800～1000倍液，可有效防治本病。

（2）叶枯病：发病后从叶柄、叶片开始，先产生黄褐色小斑，后扩大成白色大斑，后期形成半边或整株叶枯。防治措施：收获后清园，将病株烧毁以减少菌源；茎叶旺长期喷洒1∶1∶100的波尔多液，每隔7～10天喷1次，连喷2～3次；发病初期喷洒5%菌毒清水剂300～500倍液或1.5%链霉素可湿性粉剂3000～4000倍液。

（3）白粉虱：全生育期均有发生。大量成虫聚集在叶背面吸食叶液，使叶片失水而萎蔫、干枯。防治方法：发生时每隔7～10天喷洒一次15%松脂合剂100倍液或40%乐果乳油1000～1500倍液或25%优乐得可湿性粉剂1500～2000倍液防治。

（4）棉红蜘蛛：主要为害茎叶，成群聚居于叶背面吸取汁液，使叶片呈灰白色或枯黄色病斑，严重时叶片枯萎脱落。防治方法：可用40%乐果1000～1500倍液喷洒防治，但采收前10天不宜喷药。

5.采收与加工

仙鹤草以全草入药，播种栽植的仙鹤草于第2年收获，分根繁殖的当年收获。收获时期为7～8月份，即在开花初期割下全草，留茬5～10厘米，以利再生，秋季可再收割1次。

采收全草后，除净杂草及泥土，放在阳光下晒干后切段即可。切记不可堆积发汗。（辽宁　魏盼盼　李爱民　张正海）

桔梗标准化种植技术

一、选地整地

桔梗为桔梗科多年生草本植物，以根入药，喜凉爽湿润环境，为直根系深根性植物。宜选择地势高燥、土层深厚、疏松肥沃、排水良好的沙壤土地块栽培，黏土及低洼盐碱地不宜种植。前茬作物以豆科、禾本科作物为好。施足基肥，可每亩施土杂肥2000～3000公斤、硫酸钾25公斤、磷酸二铵10公斤、三元素复合肥15公斤，深耕30～40厘米，整平、耕细、做畦，畦宽1.2～1.5米，平畦或者高畦（畦高15厘米），畦长不限，作业道宽20～30厘米。

二、种子处理

选择2年生桔梗所产的充实饱满、发芽率高达90%以上的种子，将种子放在50℃温水中，搅凉后再浸泡8～12小时，稍晾后可直接播种。也可用湿布包上，放在25～30℃的地方，盖湿麻袋催芽，每天早晚用温水冲滤1次，4～5天后即可播种。也可用0.3%～0.5%的高锰酸钾溶液浸泡12小时后播种。

三、播种

1.直播：秋播于10月下旬至11月上旬进行，在整好的畦上按宽20～25厘米开沟，沟深2厘米。将种子拌3倍细土（沙）均匀撒于沟内，覆土厚1～1.5厘米，耥平轻压，每亩播量1.5公斤，上冻前浇一次封冻水。春播于3月中旬至4月中旬进行，播后浇水，出苗前保持土壤湿润，可覆盖麦秸或稻草保湿，以利出苗。

2.育苗移栽：育苗移栽一年四季均可进行。近几年开始采用夏播秋植新技术，即麦收后立即将麦茬耙掉，施足基肥，深耕细耙，整平做畦，畦宽1.2～1.5米。每亩播量5～6公斤，拌3～5倍细土（沙）均匀撒于畦面，覆土或细沙厚1～1.5厘米，再覆盖2～3厘米厚的麦秸。保持畦面湿润，10～15天出齐苗后，于傍晚逐步搂出麦秸炼苗。7月中旬至8月下旬视苗情追肥1～2次，每次每亩追磷酸二铵和尿素各10公斤。遇严重干旱应浇水，遇涝要及时排水。当根上端粗0.3～0.5厘米、长20～35厘米时即可移栽。11月中旬至翌年春发芽前，深刨起苗不断根，开沟10～15厘米深，按行距25～30厘米、株距5～6厘米移栽，每亩植4.5万～5.5万株。按大、中、小分级，抹去侧根，分别移栽，斜栽于沟内，一般以30度角斜栽。根要捋直，顶芽以上覆土3厘米左右。墒情不足时，栽后应及时浇水。

四、田间管理

1.间苗定苗：直播苗高2厘米时适当疏苗，苗高3～4厘米时按株距6～10厘米定苗。

2.中耕除草：桔梗前期生长缓慢，杂草较多，应及时中耕除草。特别是育苗移栽田，定植浇水后，在土壤墒情适宜时，应立即浅松土1次，以免地干裂透风，造成死苗。生长期间，也要注意中耕除草。

3.肥水管理：桔梗喜肥，在生长期间宜多追肥。6～9月是桔梗生长旺季，应在6月下旬至7月下旬视植株生长情况适时追肥。肥料以人畜粪尿为主，配施少量磷肥和尿素（禁用碳酸氢铵）。严重干旱时应适当浇水，雨季注意排水。

4.抹芽、打顶、除花：移栽或二年生桔梗易发生多头生长现象，造成根杈多，影响产量和质量，故应在春季桔梗萌发后将多余枝芽抹去，每棵留主芽1～2个。对二年生留种植株应在苗高

15～20厘米时进行打顶，以增加果实的种子数和种子饱满度，提高种子产量。一年生或两年生非留种用植株要全部除花摘蕾，也可在盛花期喷0.075%～0.1%的乙烯利，除花效果也较好。二年生植株开花前应注意防倒伏。

5.病虫害防治：病害主要有轮纹病、斑枯病、炭疽病、枯萎病、根腐病等，一般发生较轻。可在发病初期用1∶1∶100的波尔多液或50%多菌灵、代森锰锌、退菌特或50%甲基托布津等常规杀菌剂常量喷雾防治。虫害主要有蝼蛄、地老虎、蚜虫、红蜘蛛等，防治方法与其他大田农作物相同。

6.选留良种：在9～10月蒴果变黄时应及时带果柄摘下，放在通风干燥的室内后熟23天，然后晒干脱粒。

五、采收加工

直播的当年即可收获，但产量较低，最好在第二年或移栽当年的秋季（约10月中旬），当茎叶枯黄时进行采挖。割去茎叶、芦头，分级鲜售；或洗净后趁鲜用竹片或玻璃片刮净外皮，晒干（或烘干）待售。一般每亩产量320～360公斤。（安徽　邢颖）

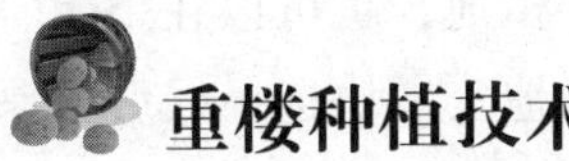

重楼种植技术

重楼属百合科多年生草本植物，又名七叶一枝花、骚休、灯台七、草河车等。重楼以根入药，具有清热解毒、散淤消肿、祛痰平喘的功效，主治肺痨久咳、肺炎，外用治跌打损伤、虫蛇咬伤、淋巴结核、疮疡肿毒等症，是我国驰名中外云南白药的主药。主产地为云、贵、川三省，零星分布于广西、广东、江西、浙江等地。

一、生长习性

重楼常野生于潮湿的山坡林下及沟溪灌木丛中，喜凉爽、阴湿环境，喜肥沃的沙质土壤或腐殖质含量丰富的土壤。人工发展种植应根据重楼的生长习性人为地创造一种适应重楼生长的环境，各地区应根据气温、地理环境条件灵活掌握。要因地制宜，不要盲目发展种植，先少量试种，成功后再扩大种植面积。

二、繁育方法

分有性繁殖和无性繁殖两种方法。

1.有性繁殖：重楼果实成熟后，采下种子，拌干净的湿沙储藏备用或随采随播。

种子育苗移栽，于3～4月，在整好的苗床地按行距15厘米开沟条播。1年后，按行株距40厘米×35厘米移栽定植。

2.无性繁殖：秋季采收时，挖起地下茎块，选择有芽的块茎做种，按行株距40厘米×35厘米移栽定植，每穴栽苗1株。

三、种植技术

1.整地选地：重楼野生转家种要获得成功，选择地理环境条件最关键。根据重楼生长习性，应选择土层深厚肥沃、富含腐殖质的林荫地块做种植地，也可以在果园、高秆作物之间间作套种，以充分利用土地。地块选择好后，深耕20～25厘米，结合整地每亩施腐熟厩肥2000～3000公斤、过磷酸钙50公斤、草木灰200公斤，均匀撒施在土壤中做基肥。然后开沟做畦，畦宽1.5米，长度依地势而定，四周挖好排水沟，以利排水。按行株距40厘米×35厘米挖穴移栽，浇透定苗水。

2.田间管理：

（1）中耕除草。苗出齐后，松土除草1次，并结合施肥每亩用800～1000公斤淡粪水浇苗，每30天松土除草1次，保持田园洁净，严禁草荒。

（2）追肥。每年春季发芽苗齐后，追施人畜粪水1～2次，6～7月份重楼膨大期间于行间挖浅沟追施磷、钾肥或饼肥1次。生长期间畦面盖草或腐叶以利保湿，重楼的整个生长期，土壤湿度应保持在用手抓土一握成团、一搓即散。

（3）遮阴。重楼忌强光，怕高温，移栽定植后应及时搭棚遮阴，或采取遮阳网、藤本植物的茎蔓棚架遮阴等方法。

（4）采收加工。重楼生长期长，种子繁殖需5～6年，块茎繁殖需2～3年才可采收。采挖于秋季茎叶枯萎或春季发芽前均可，有芽的做种，待来年立春种植，其余块茎洗净晒干或用微火烘干即可。一般每亩产500～550公斤干品，高产地块可达600公斤。（云南　唐云永）

铁皮石斛种植技术

一、环境要求

铁皮石斛对环境的要求比较严格，应选择在湿润冷凉的环境中种植，选择合适的环境是栽培成功的一半。铁皮石斛的生长适温为15～30℃，在生长期以16～21℃更为合适，夜间温度为10～13℃，昼夜温差保持在10～15℃，幼苗在10℃以下容易受冻，一般铁皮石斛在5℃以下开始落叶。铁皮石斛栽培环境中空气相对湿度保持80%左右较适宜，忌干燥、积水，特别在新芽开始萌发至新根形成时需要充足的水分。以夏秋遮光70%、冬季遮光30%～50%为宜。

二、设施要求

铁皮石斛由于对环境要求较高，需在设施环境中种植。搭建简易竹木框架大棚或钢架大棚皆可，但一定要保证棚内通风良好，并设有内外遮阳网。长期栽培铁皮石斛，可以考虑建设钢架大棚。

三、苗床建设

1.地栽：棚内所需土壤应充分在太阳下曝晒，并用辛硫酸作杀虫处理，以杀死土壤中残留的害虫及虫卵。在棚内用砖或石头砌成高15～20厘米、宽1～1.5米的苗床，长度视地形而定，上铺一层5～10厘米厚的碎石等透水性较好的材料，最后铺一层厚10～12厘米、发酵过的树皮（或木屑、椰壳、蔗渣、腐熟的落叶、苔藓）作栽培基质，苗床与苗床之间保留40～50厘米宽的通道，以便日常栽培操作。

2.床栽：可搭建宽1.2～1.5米、高80厘米左右的竹制或钢架的苗床，苗床间配有40～50厘米宽的通道以便日常栽培操作，也可搭建钢制活动苗床，床宽和高与固定苗床相似，但只需留一个通道，以增加棚内利用率。苗床底层铺一层10～12厘米厚的发酵过的树皮、碎木头、木屑、椰壳、蔗渣、腐熟的落叶或苔藓作栽培基质。

四、移栽定植期管理

1.定植：选择无病、健壮、大小均匀的苗进行定植，将处理好的苗按每丛3～5株、株距10厘米、行距13厘米的规格种植于基质上，定植时以根部完全被基质覆盖为宜。

2.光照：栽种初期光照以控制在1000～1300勒克斯为佳，遮光率在70%左右。此时幼苗还比较柔弱，根部吸水能力较差，光照太强容易脱水或灼伤。

3.温度：生存温度为-2～41℃，生长温度为10～35℃，生长最适温度为20～32℃。高温季节大棚内需遮阳与通风，并常喷雾降温保湿；低温季节则需保温加热。

4.湿度：湿度需要随温度的高低来进行相应的调节。生长旺盛时，最好将种植内部小环境的空气湿度保持在60%～90%。高温要求高湿，低温要求低湿，高温高湿时应加强通风，防止细菌性、真菌性病害发生。

5.施肥用药：定植3天后可喷洒一次低浓度的百菌清进行病害预防。定植一周内不宜施肥，一周后慢慢有新根长出，可施用1～2次氮、磷、钾配比为1∶3∶2、浓度为1克/公斤的高磷钾肥促其生根。

五、生长期管理

1.光照：随温度与光照调节遮阳度，适宜生长时将遮阳度控制在50%～80%。

2.温湿度：铁皮石斛在温度16～21℃、昼夜温差10～15℃时，茎的生长速度最快。空气相对湿度早晚应保持在80%左右。若空气干燥，温度达30℃以上时，必须每隔1个小时喷雾1次，每次30秒左右，以保持空气相对湿度，并保持棚内通风良好。冬季温度低，应减少给水量，只要保持空气相对湿度在60%～80%即可，尽量在太阳升起时浇水，杜绝叶面带水或者基质内有积水过夜，以免发生冻害。

3.施肥用药：春季或新芽初期，轮换每周喷施一次氮、磷、钾配比为3∶1∶1、浓度为2克/公斤的高磷钾肥和一次氮、磷、钾配比为1∶1∶1、浓度为2克/公斤的平衡肥，以提高苗的生长速度，但要控制苗徒长。生长期，每周喷施一次氮、磷、钾配比为1∶1∶1、浓度为2克/公斤的平衡肥，根据铁皮石斛生长情况，若叶色黄、苗体弱，则中间补施氮、磷、钾配比为3∶1∶1、浓度为2克/公斤的高氮肥；若叶色浓绿、茎秆细长，则中间补充1～2次氮、磷、钾配比为3：4：5、浓度为2克/公斤的平衡肥。生长后期，采用喷施氮、磷、钾配比为1：1：1的平衡肥和配比为3：4：5的高磷钾肥交替使用，在采收前2个月停止施肥。（注：本公司使用的所有肥料都是按照以上配比经实验室实验并特制的有机活性肥，同时具有杀菌作用。）种植铁皮石斛要注重品质，就必须控制用药。

六、日常管理

1.除草：因为温湿的环境，苗床基质上常会滋生杂草，直接与铁皮石斛竞争养分，必须随时除草。一般情况下，铁皮石斛种植后每年除草2次，第一次在3月中旬至4月上旬，第2次在11月间。除草时将长在铁皮石斛株间和周围的杂草及枯枝落叶除去。在夏季高温季节不宜除草，以免影响铁皮石斛的正常生长。

2.修枝：每年春季发芽前或采收时，应剪去部分老枝和枯枝以及生长过密的茎枝，可促进新芽生长。

3.翻蔸：铁皮石斛栽种5年后，植株萌芽很多，老根死亡，基质腐烂，易被病菌侵染，使植株生长不良，故应根据生长情况进行翻蔸，除去枯朽老根，进行分株，另行栽培，以促进植株的生长，增产增收，或者重新栽种新的种苗。

七、采收和加工

采收铁皮石斛通常在秋末至春初（每年11月至次年3月）进行。秋季铁皮石斛的新茎逐渐成熟，生长减慢，叶片发黄掉落，植株逐渐进入休眠期，待叶片落光或偶尔茎尖还留有1～2片叶片的时候要适时采收。采收时用剪刀剪切枝条，剪刀要快，剪口要平，以减少养分散失和利于伤口愈合，应特别注意茎基部要留下2～3个节，以利于植株越冬和来年新芽萌发时的养分供给。

铁皮石斛一般粗加工为枫斗（铁皮枫斗）。鲜草晾干后，除去叶片及膜质叶，剪切整理成10厘米左右的茎段置于锅内，在盖了灰的炭火上（保持80℃左右）缓缓烘软后，手工搓揉使之成螺旋形，再置入锅内（降温到50℃左右）烘烤定型。部分完整留有根须（龙头）和茎尖（凤尾）且长度适中的铁皮石斛加工成的枫斗又称为“龙头凤尾”，被认为是铁皮石斛中的极品。注意避免高温烘烤，以免影响产品质量。铁皮石斛鲜茎或者枫斗也可提供给有能力的企业深加工。（江西　刘沛汐）

特大枸杞品种“宁杞5号”及其栽培要点

一、特征特性

该品种异花授粉，杂交优势明显，果粒大，最长3.8厘米，直径1.25厘米，平均单粒重1.8克，最大单粒重可达3克，特大果粒率可达90%以上。干果粒多糖含量4.38%，粗蛋白质13.7%，粗脂肪含量2.75%，干果特优级率在90%以上。成熟早，产量高，采收省工。

宁杞5号抗逆性极强，生长季节能耐38℃的高温，在-31℃的严寒环境下也能安全越冬，开花最适宜温度为17～22℃，果实发育适宜温度为20～30℃，秋季气温降到9℃以下时，果实生长发育转缓。对土壤要求不严，耐寒、耐旱、耐盐碱，在含盐量为0.5%～0.9%、pH值为8.5～9.5的灰钙土和荒漠土上栽培，生长发育均正常。在轻壤土、中壤土和灌淤土上栽培更适宜。每亩产量250～300公斤。

二、栽培技术要点

1.繁育要点

（1）种子繁育。播种前将枸杞种子用30～40℃的温水浸泡

6～10个小时，然后捞出与种子量3倍的细湿沙拌匀（沙土含水量不要过高），在室内25～35℃条件下催芽，每6小时翻动一次，待种子有5%萌芽时（或2～3天后）再播种，以春播为好。多采取条播，也可撒播。播前要先选好苗床，条播顺向按行距15～20厘米开沟，将催芽后的种子均匀撒在沟内，覆土1厘米左右（不要过厚）。播后稍镇压并盖草或覆地膜保墒。一般播后7～12天出苗，出苗后要及时撤除覆草或地膜，防止温度过高损伤枸杞小苗。枸杞苗高3～4厘米时开始除草，除草时一定要仔细区分小草与枸杞苗（枸杞小苗先长两片尖叶，叶片受光面与背光面都是绿色），一般间隔5～7天进行一次除草，防止草与枸杞苗齐长。苗高5～8厘米时进行间苗，按株距2～3厘米定苗，结合间苗、定苗进行除草、松土。苗高10厘米时即可移栽。

（2）扦插繁殖。选择靠近水源、地势平坦、阳光充足、土质疏松的壤土，做宽1米的畦。选1年生芽子饱满的枝条，剪成长10～15厘米的插条，斜插入整好的畦中，外露一个芽，压紧，浇水。适宜扦插时间为3月上旬至4月底。

2.栽植

宁杞5号为异花授粉品种，所以在栽植中常与“宁杞1号”等其他品种间作。每亩栽植密度300株左右，行距2米、株距1米，每行按宁杞5号2株、其他枸杞品种（如宁杞1号）2株间作栽培。在盛果期应喷叶面肥补充肥料，可用0.5%的尿素加0.3%的磷酸二氢钾液，每亩喷50～60公斤。

3.田间管理

中耕除草3～4次。5月和8月追施尿素或复合肥，每次每亩施10～15公斤。可在雨前追施，若未遇降水，追肥后应浇水。春秋两季如遇干旱应浇水。

4.整形修剪

该品种树形基本结构为：单主干、双主枝、树冠两层半。树冠培育方法：第一年定干剪顶，第二、第三年培育冠层，第四年放顶成型。成型标准：株高1.6米左右，上层冠幅1.6米，下层冠幅1.8米，单株结果枝230条左右。定植当年，定干60厘米，并选择3～5个分布均匀的主枝。第二年在主枝上选3～4个新枝，于30厘米处短截。第三年对二层骨干枝上的新枝于20厘米处短截。树冠基本成形后，每年夏季或秋季主要是剪去枯枝、老弱枝、病虫枝、重叠枝、扫地枝及疏除过密的枝条。

5.病虫害防治

主要虫害有蚜虫、瘿螨、负泥虫，可用40%氧化乐果1000倍液或20%达螨灵可湿性粉剂3000～4000倍液喷洒防治。病害常见的是枸杞黑果病，它会为害枸杞的花、蕾、茎、叶、果，应在发病初期用1：1：120的波尔多液或多菌灵1000倍液喷洒防治。（宁夏　白生明）

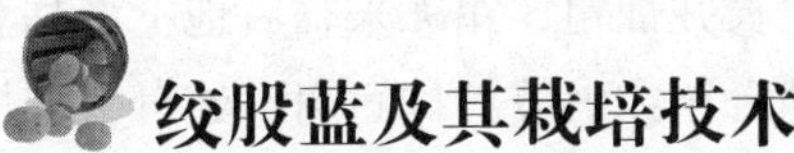

绞股蓝及其栽培技术

绞股蓝又名七叶胆、甘蔡藤、南方人参等，属葫芦科多年生草质藤本植物。主要分布在包括长江以南地区在内的广大亚热带地区的沟边、谷底，山地阴湿坡面也常见其野生种生长。近十年来人工栽培发展较快，目前在很多地方的超市都有供应。绞胶兰的食用方法多是利用其浓缩汁液加工成多种营养保健食品，如绞股蓝饮料、面条、煎饼等，这些保健食品风味独特、营养丰富、野味浓郁，且可以防病治病，很受消费者青睐。现将笔者与同事栽培绞股蓝八年的实践经验总结如下，供大家参考。

一、营养价值

绞股蓝含有80余种皂甙，尤以人参皂甙含量最高，是人参的8倍，总皂甙含量是人参的3倍。绞股蓝味苦、性寒，具清热解毒、止咳去痰、抗衰老、降血脂及增强肌体免疫力等功效，对支气管炎、胃炎、肝炎、冠心病、糖尿病、偏头痛等有一定的疗效。

二、特征特性

绞股蓝植株藤长3～5米，根状茎细长横生，节上生根，有冬眠芽和潜伏芽。叶互生，由5片小叶组成鸟趾状复叶，也常有7片叶的情况，中间小叶长4～8厘米、宽2～3厘米，基部叶面有短毛，两侧小叶成对，着生于小柄上。圆锥花序腋生，雌雄异株，花小、黄绿色，子房下位、球形。浆果球形，成熟后为黑色，含卵形种子1～3粒。

绞股蓝喜阴湿环境，忌烈日直晒，不耐旱，对土壤要求不严。开春后日气温在10℃左右即可萌发出土，5～9月地上茎生长旺盛，7～9月开花，9～10月果实成熟，晚秋地上部生长渐慢，而地下茎迅速生长并加粗，霜冻来临后地上部枯萎，地下茎可露地越冬。野生种常年在山坡、林间阴湿处自生自长。

三、栽培技术要点

胶股蓝繁殖方法有种子育苗、根茎育苗及茎蔓育苗三种。

1.直播法：于3～4月份，按条行距30～35厘米、株距20厘米，将温水浸泡过30分钟的种子播下。播种前每亩施腐熟农家肥2000公斤，深施厢底20厘米以下，厢宽130厘米，厢高20厘米，也可利用自然山地阴坡开厢种植，或与高秆作物套作。每亩播种量1～1.5公斤，播后盖细粪土，再盖草、浇透水。

2.根茎繁殖法：于3～4月份进行。将越冬根茎挖出，剪成长5厘米左右的小段，每小段带1～2节，厢面双行开沟，行距60厘米，穴距30厘米，每穴埋入一小段，盖土3厘米厚，再盖草、浇透水。

3.扦插法：在绞股蓝生长旺盛的5～6月，剪下带3～4个节的蔓条，去掉会埋入土中的小叶片，按10厘米×10厘米的株行距斜插入苗床土壤中，留1～2节露出地面，浇水，保湿盖草或用遮阳网遮阳。待新芽长到10厘米以上后，按行株距30厘米×15厘米移栽大田，每穴栽1苗，栽后盖土浇水。若在荫棚或林果树行间栽培，可直接用插条按行株距扦插。

绞股蓝适应性强，很少发生病虫害。只要求保持耕作层湿润，不让阳光直晒，依靠架材或树木、斜坡攀缘生长，生长期追施肥料2～3次，幼苗期每亩施氮素化肥（如尿素、碳酸氢铵）10公斤；中后期每亩施复合肥12～15公斤，并适时浇水。（重庆 罗林钟　罗楚涵）

紫苏高产栽培技术

紫苏又名红苏、香苏，具有散寒解表、理气宽胸、安肺润肠之功效，是国家卫生部首批颁布的食药兼用的60种物质之一。在欧美、东南亚和我国港澳台地区，现已将紫苏叶作为时尚蔬菜和医药保健品原料。其根、茎、叶、种子均可入药，嫩枝嫩叶具有特异芳香，可作调味佐料和蔬菜食用，是一种优良的出口创汇蔬菜。随着人们生活水平的提高和各种特种蔬菜的普遍开发利用，紫苏的利用价值越来越受到人们的重视。

一、土壤选择

紫苏对气候适应性强，对土壤要求不严，各种土壤都可栽培，但以pH值6～6.5、排水良好的壤土和沙壤土为好，在肥沃的土壤上栽培生长良好。

二、播种育苗

可选种日本的食叶紫苏或国内的大叶紫苏品种。苗床土壤要求选通透性好、不易板结、含腐殖质较高的肥沃土壤，每亩大田需要50平方米左右的苗床。每亩苗床施腐熟有机肥1000公斤、饼肥80公斤，将肥料耕翻入土、晒垡10天后，再施复合肥5公斤、尿素2公斤作基肥，肥土混匀耕细整平后做苗床，床高15厘米、宽1.3～1.5米。露地栽培一般在3月底至4月初播种，新种子要放在3℃的低温下处理5天，并用浓度为100毫升/公斤的赤霉素溶液处理。播种前在床面喷33%除草通300倍液除草，喷药后4天再播种。每亩苗床需种子600克左右，将种子撒匀后覆细土，以看不见种子为准，上面再均匀撒些稻草，浇足水，上盖地膜和小拱棚，7～10天后即可出苗，出苗后及时揭膜。育苗期间施稀薄人粪尿2～3次。1片叶时开始间苗，一般间苗3次，定苗株行距为3厘米×3厘米。为了防止幼苗徒长和土壤湿度过大，需经常揭膜换气。苗龄45天左右即可移栽。

三、定植

在定植前10～15天，对大田土壤进行深翻，基肥以有机肥为主，每亩施腐熟粪肥500公斤、复合肥100公斤。一般畦面宽1米，畦沟宽、深各30厘米。4月中下旬秧苗3～4片真叶时定植，每畦栽6行，株行距为15厘米×15厘米，每穴栽1株，每亩栽1.7万株，栽后及时浇水。为了避免杂草和地下害虫危害幼苗，可在定植前2～3天用72%都尔乳剂喷洒土表，并用70%晶体敌百虫500倍液拌糠麸撒在畦面诱杀。

四、田间管理

1.摘叶打杈。定植后20～25天，对已长成5茎节的植株，应将茎部4茎节以下的叶片和枝杈全部摘除，以促进植株健壮生长。摘初茬叶1周后，当第5茎叶的叶片横茎宽10厘米以上时，即可开始摘叶。每次采摘2对叶片，并将上部茎节上发生的腋芽从茎部抹去。5月下旬为采叶高峰期，一直可持续到8月上旬，每隔3～4天就可采叶1次。9月初植株开始长花序，这时对留叶不留种的可保留3对叶片摘心打杈，使其达到成品叶标准。一般每株紫苏可摘叶40片左右，每亩可摘鲜叶2000公斤左右。

2.肥水管理。进入采叶高峰期后，应适当灌水保湿，并追施速效氮肥。为加速叶片生长，一般每亩施尿素15公斤。为了提高叶片质量，可每隔半月在根际追肥1次，每次每亩施人粪尿2500公斤。每月叶面喷施一次0.5%的尿素液。3.病虫害防治。紫苏的害虫有叶螨、蚜虫、青虫等，可用速灭杀丁1500倍液或80%敌敌畏1000倍液喷杀；病害主要有白粉病、锈病，可用50%甲基托布津1500倍液喷洒防治。

五、及时采收

紫苏产品的采收依其不同用途与要求标准而定。作为菜用的嫩茎叶，可随时采收；作为出口产品，则一般在5月下旬或6月初开始采收，一直采收至9月上旬，每株可分期采收20～23对合格叶片产品，腌渍后单株产品达120克左右。出口产品要求的标准是：叶片中间最宽处达到12厘米以上，无缺损，无洞眼，无病斑。（湖南　罗炼）

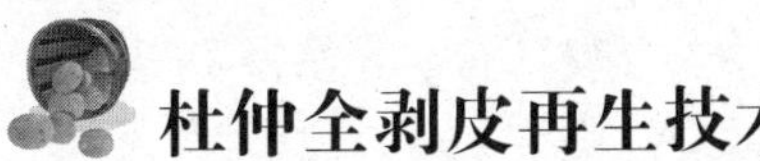

杜仲全剥皮再生技术

杜仲剥皮的传统方法，一是砍树全剥，二是每年剥三分之一。这样的生产方法既费工费力，大大降低杜仲的商品价值，又破坏了生态，造成树干干枯老化、生长慢，经济效益明显下降。针对这个问题，本人进行了多年摸索和多次试验，现在终于通过全剥皮技术成功地解决了这个生产难题。杜仲皮的商品价值是厚度和宽度，既宽又厚的皮，收购价格就高，经济效益就大。全剥皮技术是剥去树干基部的皮，其皮层既厚又宽，会给林农带来极大的经济效益。此技术操作简单，剥皮后的树成活率达90%以上，3年后又可二次剥皮。如要树皮的厚度增加，可于每年的春季用大木棒均匀敲打树干1～2次。此技术的具体操作方法是：杜仲树长到18～20厘米粗时即可剥皮，4月～9月都可剥皮。剥皮高度依树而定，一般以分枝以下为宜，先从距地面2～3厘米处用利刀割一圈，接着从分枝以下割一圈，接着从上而下垂直割一刀至木质部，用刀轻轻挑起皮层，慢慢将皮扯下即可。操作过程中的注意事项：一是割刀使用前要用清水冲洗干净；二是千万不要用手摸剥皮后的树干；三是尽量在早上操作，防止阳光暴晒树干；四是剥皮后用干净的薄膜将树干包好，上下割口处用细绳拴好，以防大风将薄膜吹开。做到了以上四点，树干很快便会长出新皮层。

剥下的杜仲皮晒1天或晾干水分后，可重压定型。先在地上铺上稿秆或稻麦草，再将皮内面朝下，一层一层地理直放好，上面用木板、石头等重物压实，经2～3天即可定型。最后将皮放在阳光下晒干，分等级装好即可出售。（四川　魏开伦）

改良白术标准化种植技术

中药材白术为菊科植物白术的干燥根茎，又名于术、浙术、冬术等，具补脾健胃、燥湿利水、止汗安胎等功能。主产于浙江、江苏，在江西、河南、安徽、四川、湖南、福建等20多个省市都有栽培。

2008年由安国部分农户对白术品种进行提纯复壮，通过3年的扩种，在安国、亳州等地已经开始普遍推广种植。这种改良白术与普通白术相比，具有茎干粗壮、叶片厚、颜色浓绿等特点，当年春天播下的种子，秋季结籽很少，生殖生长消耗的养分较少，这也是改良白术产量高于普通白术的一个重要原因。改良白术的块茎比普通白术块茎头大两倍左右，平均单块重一般在100~150克，大块的可达到250克左右；改良白术的根表面附着的须根少，商品性好，因此，种植改良白术市场前景极为广阔。

一、形态特征

改良白术为多年生草本植物，株高30~80厘米。根茎肥厚粗大，略呈拳状，灰黄色，茎直立，基部木质化。叶互生，茎下部的叶有长柄，叶片3深裂或羽状5深裂，边缘具刺状齿；茎上部叶柄渐短，叶片不分裂，呈椭圆形或卵状披针形。头状花序单生于枝端，形状大；总苞片7~8层，基部被一轮羽状深裂的叶状总苞所包围；花多数着生在平坦的花托上，全为管状花，花冠紫色；雄蕊5枚，聚药，花药线形；雌蕊1枚，子房下位。瘦果长圆状椭圆形，稍扁，表面被茸毛，冠毛羽状。花期8~9月，结果期9~11月。

二、生长习性

白术喜凉爽气候，怕高温多湿，根茎生长适宜温度为26～28℃，8月中旬至9月下旬为根茎膨大最快时期。

种子容易萌发，发芽适温为20℃左右，发芽需较多水分，一般吸水量为种子重量的3～4倍。种子寿命为1年。

三、栽培技术

1.选地、整地：育苗地宜选择肥力一般、排水良好、高燥、通风凉爽的沙壤地，每亩施农家肥2000公斤作基肥，深翻20厘米，耙平整细，做成1～1.2米宽的畦。大田宜选择肥沃、通风、凉爽、排水良好的沙壤地，忌连作。前作收获后，每亩施复合肥50公斤，配施50公斤过磷酸钙作基肥，深翻20厘米，做成宽1～1.5米的畦。

2.繁殖方法：一般用种子繁殖，生产上主要采用育苗移栽法。

（1）育苗。选择籽粒饱满、无病虫害的新种，在25～30℃的温水中浸泡24小时，捞出催芽。当年冬季至第二年3月下旬均可播种，播种愈早愈好，条播或撒播均可。条播播种前，先在畦上喷水，待水下渗、表土稍干后，按行距15厘米开沟播种，沟深4～6厘米，播幅7～9厘米，沟底要平，播后覆土整平，稍加镇压，再浇一次水，每亩用种6公斤左右。采用撒播方式，可待水下渗后，将种子均匀撒人，再覆浅土即可，每亩用种7公斤左右。播种后约15天左右出苗。

（2）移栽。当年冬季就可移栽。白术移栽以当年不抽叶开花、主芽健壮、根茎小而整齐、杏核大者为佳。剪去须根，按行距25厘米开深10厘米的沟，按株距15厘米左右将白术苗栽入沟内，芽尖朝上，并与地面相平，栽后两侧稍加镇压。全部栽完后，再浇一次大水。一般每亩需鲜白术120公斤左右。

3.田间管理

（1）幼苗出土后要及时除草，并按株距4～6厘米间苗。如天气干旱，可在株间铺草，以减少水分蒸发。有条件的地区，可在早、晚浇水抗旱。生长后期如发现抽叶，应及时摘除。

（2）幼苗出土至5月间，田间杂草较多，因此中耕除草要勤。头几次中耕可深些，以后应浅锄。5月中旬后，植株进入生长旺期，一般不再中耕，株间如有杂草，可用手拔除。6月中旬植株开始现蕾，一般7月上、中旬在白术现蕾后至开花前分批将蕾摘除。摘蕾有利于提高白术根茎的产量和质量。白术的整个生长期，需要充足的水分，尤其是根茎膨大期更需水分，若遇干旱应及时浇水灌溉。如雨后积水则应及时排水。现蕾前后，可追肥1次，于行间每亩沟施尿素20公斤和复合肥30公斤，施后覆土、浇水。摘蕾后1周，可再追肥1次。应该注意的是，除草、松土、施肥、摘蕾等田间操作均应在露水干后进行。

4.病虫害防治

白术的病虫害较多，常见的有以下几种：

(1）立枯病。低温高湿的情况下易发，多发生于白术栽培大田，危害白术根茎。防治方法：降低田间湿度；发病初期，用50%多菌灵1000倍液浇灌。

（2）铁叶病。又称叶枯病。于4月始发，6月～8月发生尤重，危害白术叶片。防治方法：清除病株；发病初期用1∶1∶100的波尔多液、后期用50%托布津或多菌灵1000倍液喷雾。

（3）白绢病。又称根茎腐烂病。发病期同铁叶病，危害根茎。防治方法：与禾本科作物轮作；清除病株，并用生石灰粉消毒病穴；栽种前用哈茨木霉进行土壤消毒。

（4）根腐病。又称烂根病。发病期同铁叶病，湿度大时发生尤重，危害根部。防治方法：选育抗病品种；与禾本科作物轮作，或水旱轮作；栽种前用50%多菌灵1000倍液浸种5～10分钟；发病初期用50%多菌灵或50%甲基托布津1000倍液浇灌病区。在地下害虫危害严重的地区，可用乐果1000～1500倍液或敌百虫800倍液浇灌。

（5）锈病。5月始发，危害叶片。防治方法：清洁田园，发病初期用25%粉锈宁1000倍液喷雾。

（6）术籽虫。开花初期始发，为害种子。防治方法：深翻冻垡，水旱轮作，开花初期用80%敌敌畏800倍液喷雾。

此外，还有菌核病、花叶病、蚜虫、根结线虫、南方菟丝子、小地老虎等危害。

四、采收与加工

10月下旬至11月中旬，白术茎叶开始枯萎时，将根茎刨出，剪去茎秆。冬天气温低，晒干困难，因此常用烘干方法。初时火力可猛些，温度可掌握在90～100℃。出现水汽后，降温至60～70℃，2～3小时后上下翻动1次，再烘2～3小时。须根干燥时取出闷堆“发汗”5～6天，使内部水分外渗到表面，再烘5～6小时，此时温度控制在50～60℃，2～3小时后翻动1次。烘至八成干时，取出再闷堆“发汗”7～10天，再行烘干为止，并将残茎和须根搓去。产品以个大肉厚、无高脚茎、无须根、无虫蛀者为佳。改良白术一般每亩产量380公斤，比普通白术产量提高了40%左右。（安徽　邢颖）

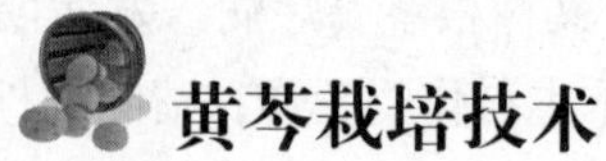

黄芩栽培技术

黄芩是多年生草本植物，为唇形科黄芩属植物，喜温暖，耐高温，耐严寒，以肉质根入药，以种子繁殖，二年生黄芩平均每亩产300公斤以上。

一、选地整地

选择地势高燥、向阳、土层深厚、排灌水条件好及地下水位较低的中性至微碱性的沙质（或腐殖质）壤土种植。结合整地每亩施农家肥3000公斤（或碳酸氢铵50公斤、过磷酸钙50公斤）作基肥，深耕土壤。播前整细耙平，做成1.8米宽的高畦，畦沟宽40厘米；在地块四周开好较深的排水沟，使灌排水畅通。

二、适时播种

1.精选种子。选择当季生产的、色褐鲜亮、干燥、活性高、健康饱满的籽粒作种用，并根据实际需要进行种子处理。

2.适时适墒播种。春播4月上旬前后，秋播10月上旬前后。当墒情合适时在整平耙细的畦面上，按行距25～27厘米，横向开浅沟（播种沟）条播，沟深2～3厘米，播幅7～10厘米，然后将精选备好的种子拌细土（或沙或灰土）均匀地撒入沟内，覆土1～1.5厘米，并用秸秆遮盖（以不见种子为度）。每亩用种量0.75～1公斤。

三、田间管理

1.中耕除草。出苗后结合定苗中耕除草1次，以后根据实际情况进行中耕除草，直至田间封行。做到畦内表土层疏松、无杂草。

2.追肥。每年分别于4月、6月、10月各追肥1次。前两次每亩施人粪尿2000公斤或用40公斤碳酸氢铵、50公斤过磷酸钙、10公斤钾肥（硫酸钾或氯化钾）兑水浇灌。10月于根部每亩深施碳酸氢铵30公斤、磷肥50公斤、钾肥5公斤，施肥后及时培土以利过冬。

3.排灌水。黄芩耐旱怕涝，雨季要注意排水，雨水过多或畦内积水易造成烂根减产。当遇旱情严重时，可引水浸润灌溉。

4.剪除花蕾。除留种的植株外，当植株于7～10月长出花蕾时，应在晴天上午摘除花蕾，使养分集中供应根部，促进根部生长。

四、病虫害防治

1.蚜虫：在生长旺盛季节蚜虫为害芽尖，使植株生长缓慢，影响高产。防治方法：一是杜绝偏施氮肥，二是采用低毒广谱杀虫剂常量喷雾。

2.叶枯病：该病危害叶部。发病初期，先在叶尖或叶缘出现不规则的黑褐色病斑，然后迅速自下而上蔓延，严重时会使叶片枯死。防治方法：发病初期用50%多菌灵可湿性粉剂1000倍液（或其他广谱杀菌剂常量）进行喷雾，每7～10天喷1次，连喷2～3次。

3.根腐病：8～9月发生，初期只是个别支根或须根变褐、腐烂，后逐渐蔓延至主根腐烂、全株死亡。防治方法：一是雨季注意排水，降低田间湿度；二是用50%甲基硫菌灵悬浮剂1000倍液灌根。

五、采收加工

一般在秋季茎叶枯萎后至第2年早春萌发前采挖。挖出后除去残茎及老皮，使根部呈棕黄色，晒干后表面光滑、呈黄白色，上机切片即成商品。在晾晒中，要注意避免暴晒过度使根条发红，也不能淋雨，更不能用水洗，根条见水后会变绿发黑甚至变质。（陕西　高鹏寿）

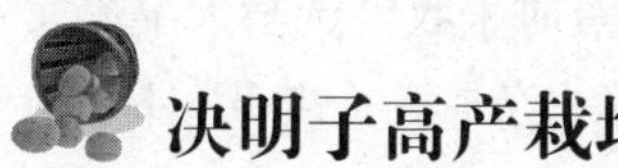

决明子高产栽培技术

中药决明子为豆科植物决明或小决明的干燥成熟种子，甘、苦、咸、微寒，具有清肝明目、润肠通便的功效。决明子种植技术简单，与其他豆类作物无异，不占好地，耐旱、耐涝，适应性很强，很少发生病虫害。

1.生长习性

决明子喜温暖湿润气候，不耐寒冷，怕霜冻，对土壤要求不严，沙土、黏土均可种植，在稍碱性、排水良好、疏松肥沃的土壤中种植生长最佳。

2.繁殖栽培

一般采用种子繁殖法。于清明前后整好苗床，按行距25厘米条播，开浅沟深2~3厘米，保持湿度适宜，一般1周后可出苗。苗高5厘米时，可浅松土除草间苗。当苗高15~20厘米时，按株行距35厘米×40厘米移栽大田。苗高40厘米以上时，水肥要跟上，促使多分枝、多开花、多结荚，谨防倒伏，最好在根部培些土，打掉底叶，以利通风受光，增加籽粒的饱满度，从而达到高产、稳产的目的。

3.病虫害防治

草决明病害较少，积水易引起根部腐烂、叶片变黄枯萎，影响产量。所以应及时排除田间积水，发病初期用50%甲基托布津800倍液喷洒茎基部。虫害有黄凤蝶、蚜虫、菜青虫等，可用敌百虫、乐果、菊酯类农药叶面喷洒防治。

4.采收加工

秋季在荚果由青转黄时采收。选晴天早晨露水未干时割掉全株，晒干，打下种子，除去杂质。（广西　韦炳新）

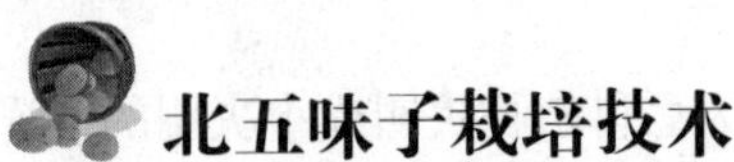

北五味子栽培技术

北五味子为木兰科北五味属木质藤本植物，分布于我国东北及华北地区，主产于东北。北五味子是我国常用的中药材，具有益气、滋肾、敛肺、涩精、生津、止渴、益智、安神等功效，还是一种较好的神经系统兴奋剂，能增强肌体对非特异性刺激的防御能力，对治疗神经衰弱、心肌乏力、边劳、嗜睡、肝炎等有良好的疗效。

北五味子既是难得的中药资源，又是别具风味的浆果资源，在酒类、果糖、果茶、果冻、果酱等饮料、食品及保健产品方面有着十分广阔的开发前景。其早春的嫩芽是一种营养价值很高的山野菜，还可加工成具有保健功能的北五味子茶。多年生的老藤蔓，俗称血藤、山花椒，有活血、止痛、去风、除湿的功效。民间将其藤条晾干，还是一种很好的调料。北五味子是一种多功能、多用途的经济植物，开发利用价值高，现已开发出来的产品有五仁醇、五味子素片、护肝片、五味子糖浆、五味子酊等中成药以及五味子药酒、五味子饮料等多种保健品。现将其栽培技术介绍如下：

一、园地选择

应选择排水良好、靠近水源、交通便利的地块，要求土壤为肥沃疏松、土层深厚、通透性好、保水力强的壤土或沙壤土。

栽培北五味子的园地土壤和浇灌用水要求无污染，周围不应有污染严重的工厂，大气及浇灌水要符合我国“大气环境质量标准”和“农田灌溉水质量标准”。特别提示：施用豆磺隆农药及施用残效期长的农药的地块，应在农药失效期过后栽植，以免产生药害，影响北五味子栽植的成活率。

二、挖栽植沟

在已选好的园地挖栽植沟，平地应取南北行向，这样植株就能够均匀地接受阳光照射；坡地应根据地形而定，栽植行取向应与等高线平行。栽植行距150厘米，株距40～50厘米，栽植沟宽60厘米、深30厘米，表土、心土各放一边。肥料搭配：每亩施入混合均匀的腐熟农家肥（猪、鸡、人粪尿等）3000公斤左右、磷酸二氨25公斤。土肥回填：沟内先填一层表土，然后把一半肥料填入沟中，再盖一层土，把另一半肥料拌入上层土中，回填土要高出地面10厘米。沟内只能填表土，不能填心土。最晚要在种植前一周把沟挖好，土块打碎，耙平。

三、园地病虫草害防治

1.园地消毒：为更好地保证北五味子健壮生长，首先要对园地的土壤进行消毒，消毒可采用以下方法：

（1）硫酸亚铁消毒。用3%的硫酸亚铁溶液处理土壤，每平方米用药液0.5公斤。即将硫酸亚铁用清水稀释成3%浓度的药液后，用喷雾器喷洒土壤表层，或直接浇灌到土壤中。

（2）多菌灵消毒。多菌灵能防治多种真菌病害，对于囊菌和半知菌引起的病害防治效果好。土壤消毒可用50%可湿性粉剂，每平方米用1.5克。

（3）代森铵消毒。代森铵杀菌力强，能渗入植物体内，在植物体内分解后还有一定肥效。一般用50%代森铵350倍液喷洒。

2.园地杂草的前期预防：具体方法是：在对园地土壤消毒后

再使用果尔（24%乳油），于杂草未萌芽时，每亩用药50毫升兑水60公斤全面均匀喷药进行土壤封闭。施药时田间土壤应保持湿润状态，以利药膜完整形成。

四、苗木准备与栽植

选择1～2年生的生长健壮、根系完整、无病害的北五味子苗，栽植时间为春栽或秋栽。以春栽为例：自根向上留取5厘米的高度，进行短截后保留2个生长饱满的芽苞，然后按株距40～50厘米进行栽植，栽植时使其根系全部舒展开后，轻轻提苗填土，踏实后浇足水，待水下沉后再覆土1～2厘米。

五、地膜覆盖

栽完一行苗后，边覆地膜边破膜放苗。放苗时，用小刀或木棍等将苗上的地膜划破一个小孔引苗出膜，然后盖严膜口。放苗后，随时用细湿土在苗木根部封严孔隙，以保持膜下的温度和水分。幼苗展叶时，再浇一次保苗水，方法是：每株苗浇0.5～1公斤水（视土壤墒情而定），秋栽时栽植后浇一次封冻水，翌春按春栽要求实施即可。

六、搭架

北五味子移栽定植后应及时搭架供其攀附。架材可因地制宜。架式以单面架为好。下面以棚面架为例介绍架的搭建：首先用2.5米长的木桩作架柱，顺床每隔5～8米设一立柱，埋入地下50厘米左右，然后用8号或10号铁线在距地面1.5米处及2.0米处穿过立柱，用紧线器拉紧后，紧紧缠绕在两端立柱上，再用尼龙细线或旧毛线（有条件的最好使用竹竿或架条）一端固定在苗根部地面，另一端绑缚在铁线上，在苗进入高生长时利用其将枝条引至架上。应给每株苗设两根引线（杆），一根蔓一道线（杆）。蔓与蔓之间间距20厘米左右。第二年春在行间立柱拉一道铁线后，再在行向间拉两道铁线形成棚架，供枝蔓攀附。这种架式有利于植株通风透光。

七、肥水管理

北五味子是以收获果实为主的药用植物，它对肥水的要求较高，为使其生长发育期能够获取足够的营养，肥水管理应及时到位，这是保证其高产稳产的重要条件。北五味子在一年的生长过程中要消耗大量的养料，基肥可在每年的9月下旬至10月上旬施入，每株施入有机肥1.5～2公斤。在整个生长过程中一般要进行三次追肥，第一次为5月下旬开花前，喷施叶面肥并施氮肥，一般株施氮肥（尿素）25～50克；第二次为6月末幼果期，再喷施一次叶面肥并株施复合肥50～100克；第三次为8月上旬，果实成熟前喷施一次磷酸二氢钾液，株施复合肥50～100克。追肥数量、次数应视生长和土壤肥力情况而定。浇水则视旱情而定。北五味子为浅根系，在花期及果期应及时浇水，防止落花落果，雨季注意防涝。

八、修枝整形

合理修剪能调节植株体内营养分配合理，控制养分不必要的消耗，并对植株有更新复壮作用，使其达到高产稳产，延长结果年限。修剪时期：在北五味子芽苞萌动之前，进行一次全方位修剪，夏季进行伏剪。修剪要点：一是原则上剪除病虫害枝、瘦弱枝、过密枝和老枝，以满足生长和结果需要。二是控制基生枝的大量发生，每年5月下旬到7月中旬，大量基生枝从根基和地下钻出地面，应全部剪去。三是剪去短果枝，因多年生短果枝开雄花多，结果能力差，要全部剪去，并剪去4年生以上的结果枝。四是由于中果枝生长旺盛，应疏去过密的中长枝条，以利通风并促进开花结果，修剪时应按间距10～20厘米修剪，对长势过旺的枝条特别是上部枝条，应适当打尖以使养分集中，注意培养中长结果枝。对结实多年的老枝蔓，应培养新枝蔓及时更新。

九、病虫害防治

北五味子在生长过程中易发生的病害为白粉病和叶枯病。一般以预防为主，春季展叶后，结合喷施叶面肥，在叶面肥溶液内每亩加入80%代森锰锌200克，每7天喷施1次，连喷3次。如发生白粉病，可用粉锈宁或甲基托布津50%可湿性粉剂800倍液，每隔7天喷1次，连续喷3～4次。叶枯病可用代森锌800倍液每隔7天喷1次，连续喷3～4次，或用甲基托布津50%可湿性粉剂800倍液每隔7天喷1次，连续喷3～4次。

十、采收加工

北五味子的果实在9月呈鲜红色时便可以采摘，从果穗基部剪下，在阳光下晾晒，晴天时夜晚可任其在露水中湿润，这样加工的北五味子油性大、质量好。果实量大可建烘干设施，在室内烘干。烘干温度不能过高，以防挥发油损失降低品质。当干燥到手攥有弹性、松手能恢复原状时，即为干制好。这时去除果柄、杂质，即可进行包装。（黑龙江　姜明星）

防治篇

FANGZHI PIAN

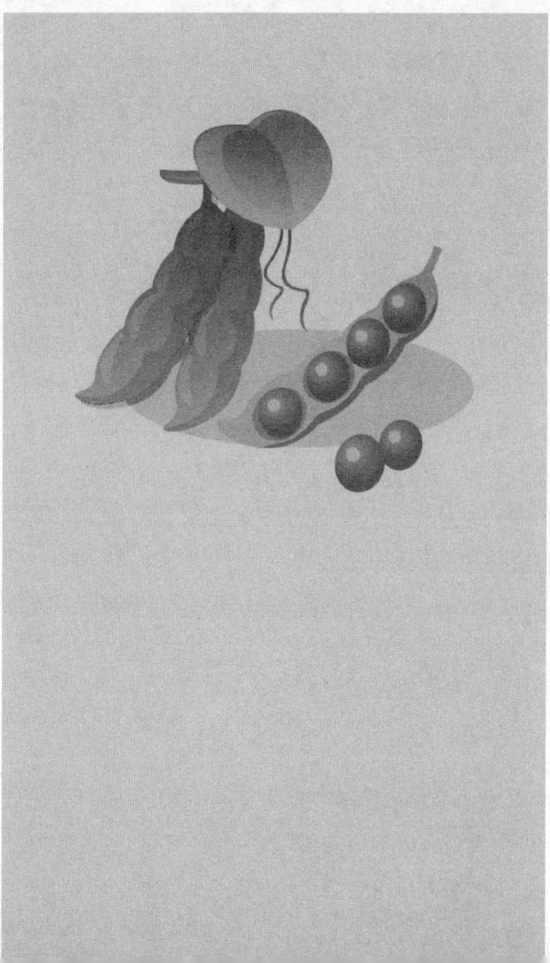

大蒜常见病害的田间诊断与防治

大蒜的病害主要有病毒病、灰霉病、叶枯病、叶斑病、锈病、炭疽病、菌核病和软腐病等。这些病害对大蒜危害大，造成大蒜减产。下面给大家介绍大蒜常见病害的田间诊断和防治方法：

一、大蒜病毒病

1.田间诊断：该病由多种病毒复合侵染引起，其症状不完全相同，主要有四种症状：一是叶片出现黄色条纹；二是叶片扭曲、开裂、折叠，叶尖干枯、萎缩；三是植株矮小，瘦弱，心叶停止生长，根系发育不良、呈黄褐色；四是不抽薹或抽薹后蒜薹上有明显的黄色斑块。病毒病的发生与蚜虫关系密切，高温、干旱时，蚜虫量大，传毒面广，发病普遍且严重。土壤干燥、肥料缺乏、杂草丛生的田块发病重，大蒜与其他葱属作物连（邻）作的田块发病也重。

2.防治关键：

（1）选择抗（耐）病良种，大力推广脱毒大蒜。

（2）及时拔除病株，减少毒源。

（3）避免与葱类、韭菜等葱属作物连（邻）作。

（4）搞好肥水管理，及时中耕除草。

（5）挂银灰色膜条，避蚜防病。

（6）发病初期，用药防治。药剂可选用1.5%植病灵乳油1000倍液或20%病毒A可湿性粉剂1000倍液或抗毒剂1号水剂200~300倍液等，10天左右防治1次，视病情，连喷2~3次。喷雾与灌根相结合，效果更佳。

二、大蒜灰霉病

1.田间诊断：该病主要危害蒜叶、蒜薹。病斑初期呈水浸状，继而变成白色至浅灰褐色斑点，病斑从叶尖向叶基发展。病斑扩大后，呈梭形或椭圆形，后期病斑愈合呈长条形，叶面生稀疏灰色至灰褐色的茸毛状霉层，由下部老叶向上部叶片蔓延，直至整株发病，造成叶鞘甚至蒜头腐烂，而后干枯呈灰白色，易拔起，病部有灰霉及黑色坚硬的菌核。大蒜灰霉病在春季多雨时发病重。

2.防治关键：

（1）选用抗病品种。

（2）搞好水肥管理。沟系配套，以利排水降渍。浇水后，及时中耕松土。采用配方施肥，培育壮苗。

（3）药剂防治。在发病初期，可选用50%速克灵可湿性粉剂1500倍液、或50%扑海因可湿性粉剂1000倍液喷雾，隔7~10天喷1次，视病情，连喷2~3次。

三、大蒜叶枯病

1.田间诊断：大蒜叶枯病主要危害蒜叶和蒜薹。叶片感病多从叶尖向叶基发展，由下部叶片向上部叶片蔓延。初期呈苍白色或灰白色稍凹陷的小圆点，扩大后呈灰白色、灰褐色或浅紫色病斑。潮湿时，长出黑褐色霉层。薹一抽出即染病，且易从病部折断。最后病部散生许多粒状小黑点。危害严重时，病叶枯死，蒜薹抽不出来。该病在多雨、高湿的气候条件下，在地势低洼、瘠薄的地块，在连茬蒜地、偏施氮肥旺长或缺肥早衰的蒜田发病重。

2.防治关键：

（1）轮作换茬，一般轮作2~3年。

（2）采用配方施肥，培育壮苗。

（3）适期播种，合理密植。

（4）科学管水，水系配套，雨停水止，降湿降渍。

（5）药剂防治。在发病初期，可选50%甲基托布津可湿性粉剂500倍液、或25%代森锰锌可湿性粉剂500倍液、或75%百菌清可湿性粉剂500倍液、或50%扑海因可湿性粉剂1000倍液等喷雾，7天喷1次，视病情，连喷2～3次。

四、大蒜叶斑病

1.田间诊断：大蒜叶斑病只危害叶片。病叶初期呈针尖状的黄白小点，渐渐发展成水浸状褪绿斑，后扩大成平行于叶脉的椭圆形或梭形凹陷病斑，中央枯黄色，边缘红褐色，外围黄色。大流行时，病斑向叶片两端迅速扩展或数个病斑愈合连片，使叶片萎蔫枯黄，蒜株枯死。单个病斑扩展至叶缘时，叶片即从病部折断。湿度大时，病部产生墨绿色霉状物，重病田块呈现出一片墨绿色枯死。该病菌喜冷凉高湿，春季高湿、连作、过于密植和偏施氮肥的蒜田发病重。

2.防治关键：

（1）合理轮作换茬，与葱以外的作物轮作。

（2）选用抗病品种。

（3）适时播种，合理密植。

（4）搞好肥水管理，施足底肥，及时追肥，以有机肥为主，增施磷、钾肥和微肥。沟系配套，排涝降渍。

（5）药剂防治。在发病初期，选用70%代森锰锌可湿性粉剂500倍液、或40%疫霜灵可湿性粉剂500倍液喷雾，7～10天喷1次，视病情，连喷2～3次。

五、大蒜锈病

1.田间诊断：大蒜锈病主要危害叶片，病部初期为梭形褪绿斑，后在表皮下出现圆形至椭圆形稍凸起的夏孢子堆，散生或丛生，周围有黄色晕圈，表皮破裂散出橙黄色粉状物。一般基部叶片比顶部叶片发病重，严重时，病斑互连成片而致全叶枯死，后期在表皮未破裂的夏孢子堆上长出表皮不破裂的黑色冬孢子堆。病株蒜头多开裂散瓣。该病菌喜温凉高湿，春季多雨、高湿，发病重；地势低洼，与葱、蒜连（混）作，发病也重。

2.防治关键：

（1）作物合理布局，避免葱、蒜混种。

（2）选用抗病品种。

（3）清洁蒜田，减少初侵染源。

（4）搞好肥水管理，培育壮苗。

（5）药剂防治。在发病初期，用25%粉锈宁可湿性粉剂1000倍液或25%敌力脱可湿性粉剂3000倍液或70%代森锰锌1000倍液喷雾，10～15天喷1次，视病情防治1～2次。

六、大蒜炭疽病

1.田间诊断：该病危害大蒜的叶片、花茎和鳞茎。在半枯的叶片和花茎上，形成近梭形或不规则形状的褐色病斑，以后生出许多黑色小点。在大蒜蒜头和蒜瓣上生有褐色稍凹陷的圆形或近圆形斑，其上散生或轮生多数小黑点。多雨年份，特别是鳞茎生长期遇暴风雨，更易发病；地势低洼、排水不良的田块，发病重。

2.防治关键：

（1）选用抗病品种。

（2）实行轮作，最好与非葱类作物轮作。

（3）科学管水，开沟排水，保证雨住田干，降湿降渍。

（4）发病初期，可用50%甲基托布津可湿性粉剂600倍液或75%百菌清可湿性粉剂600倍液喷雾防治，视病情连喷2～3次。

七、大蒜菌核病

1.田间诊断：发病初期，外部叶片发黄，根系不发达，植株生长缓慢，后期整株逐渐枯黄，蒜头腐烂。潮湿时，病部表皮下散生褐色或黑色小菌核。该病菌喜低温高湿，在春末夏初和中、晚秋季节，遇多雨、寡照天气且田间积水易发病；地势低洼、排水不畅、连作、密植、偏施氮肥的蒜田，发病较重。

2.防治关键：

（1）合理轮作、布局，一般轮作2～3年，避免与葱，韭菜邻作和间（套）种。

（2）不用病田蒜做种，不用病残体沤制土杂肥。

（3）合理密植。

（4）搞好肥水管理，培育壮苗。

（5）药剂防治。发病初期，用50%速克灵可湿性粉剂1000倍液或50%扑海因可湿性粉剂1000倍液喷雾，7～10天喷1次，视病情连喷2～3次，如喷雾与灌根相结合，则效果更佳。

八、大蒜软腐病

1.田间诊断：该病属细菌性病害，大蒜染病后，先从叶缘或中脉发病，并逐渐扩大，形成黄白色条斑，贯穿全叶。高湿时，病部呈黄褐色软腐状，一般基部叶片先发病，后渐向顶部叶片扩展蔓延，致全株枯黄或死亡，重病田会挥发出大蒜素气味。在高温大雨、多雨天气，或浇灌后遇大雨、又不能及时排水时，发病重；早播、偏施氮肥的田块，发病重。

2.防治关键：

（1）清除病残体，减少初侵染源。

（2）搞好肥水管理，培育壮苗。

（3）及时防治蓟马和根蛆等害虫。

（4）发病初期，可选用77%可杀得超微粉500倍液、14%

络氨铜水剂300倍液、1000万单位农用链霉素4000倍液或1000万单位新植霉素4000倍液喷雾防治，7～10天喷1次，视病情，连喷2～3次。（湖北　佘才鼎　施仕胜）

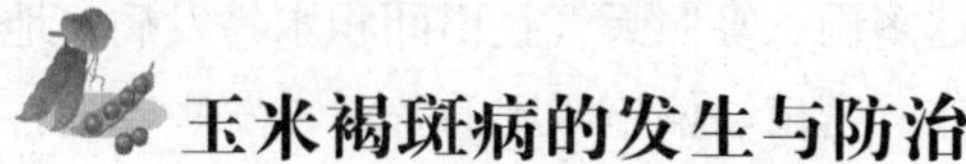

玉米褐斑病的发生与防治

玉米褐斑病是近年来在我国发生较重的一种玉米病害，玉米植株发病轻者结苞小，产量低，重者则不结苞，严重影响玉米的产量和品质。

一、发病症状

玉米褐斑病是由古生菌纲节壶菌属玉米褐斑病菌侵染引起的一种真菌性病害。病斑主要表现在叶片（尤以第6～9片叶上表现更为明显）、叶鞘和茎上，有时在果穗外苞叶和雄花上出现黄色长圆形到圆形的很小斑点，叶片上也出现横带状症状。病组织逐渐变成褐色到赤褐色，并形成大而不规则的斑块，叶片初生褪绿的小浅黄色斑点，渐变成圆形、椭圆形褐色斑或深褐色斑，隆起成疱状，直径约1毫米，叶脉上较大的病斑约3毫米，且颜色呈紫褐色。有时病斑相互结合成不规则的大斑，病斑附近的叶组织常呈红色。后期病斑的表面破裂，散出黄褐色粉状物（即病菌的孢子囊）。病组织细胞瓦解，并显出脓疱状突起，其中含有黄褐色到暗褐色的孢子囊。叶鞘受害的茎节常常在感染中心折断。

二、防治方法

1.大力推广早播与配方施肥技术。早播种可使玉米苗期得到锻炼，根多、根深、苗壮。配方施肥，增施氮磷钾肥，使玉米发育健壮、快速，增强植株抗病能力。

2.大力推广保健栽培技术。采取施足底肥、合理追肥、适时浇水、及时中耕除草等措施，均既可促进玉米健壮生长，增强植株抗病能力，又能消灭寄主，减轻病害。

3.大力推广种子包衣与药剂防治技术。种子进行包衣处理，既能防治地下害虫，又能增强抗病能力。当发病率在5%～7%、气候条件适宜、有大流行趋势时，应立即喷洒杀菌剂进行防治，可用25%的粉锈宁可湿性粉剂1500倍液叶面喷雾，或用苯来特和氧基萎灵100克兑水50公斤，叶面喷雾防治。为了提高防治效果，可在药液中适当加些叶面宝、磷酸二氢钾、尿素等，以促进玉米健壮生长，提高植株抗病能力。（安徽　吴建敏）

甘蓝类蔬菜黑根病的发生与防治

甘蓝类蔬菜黑根病又称立枯病，是甘蓝类蔬菜生产中的常见病。此病分布广泛，全国各地都有发生，主要在苗期危害，定植后也能继续发展，严重者造成缺苗。病菌寄主范围广，除危害甘蓝类蔬菜外，还侵染大白菜、黄瓜、菜豆、豌豆、莴苣、茼蒿、胡萝卜、茄科蔬菜及葱等。

一、症状识别

黑根病主要危害蔬菜苗期的根颈，定植后一般停止发展，也能造成田间缺苗。病菌危害植株根颈后，受害株叶色转淡、萎蔫，叶片下垂，下部叶变黄，最后干枯死亡。病株易拔起，拔起后可见病部呈黑色或黑褐色，依被害时苗龄大小缢缩明显或不明显。湿度大时病部可见灰白色至灰褐色霉状物，亦能引致皮层腐烂。若结球期遇阴冷多雨天气，地际叶柄被侵，会产生凹陷水渍状褐色病斑，潮湿时可见褐色蛛丝状霉，严重的能导致叶球内部腐烂，但无恶臭，可区别于软腐病。

二、防治方法

1.选择地势高、地下水位低、排水良好、供水方便的地块育苗。

2.加强苗床管理。用无病的新床土，若用旧床土应进行土壤消毒；有机肥料一定要腐熟并施匀；播种均匀而不过密，盖土不宜太厚；依天气情况进行保温和放风；需洒水时应在上午进行，每次不宜过多，洒水后注意通风。

3.床土消毒。可每平方米用5%恶霉灵原药精品1克与15～20公斤过筛干细土充分混匀制成药土，播种时先将苗床底水浇好，把1/3的药土作垫土，播种后将另2/3的药土撒在种子上作盖土（使种子夹在药土中间）。

4.对可能带菌的种子进行处理。用种子重0.3%的50%福美双可湿性粉剂或65%代森锌可湿性粉剂拌种。

5.及时拔除病苗，减少传播蔓延。定植时除掉病苗，避免带进菜田继续造成危害。

6.药剂防治。发病初期清除病苗后，喷洒75%百菌清可湿性粉剂600倍液，或60%多·福可湿性粉剂500倍液，或95%恶霉灵原药精品3000倍液等防治。（湖北　司凤举　司越）

荸荠茎枯病的发生和预防技术

一、发病症状及发生原因

荸荠茎枯病，又称秆枯病，也有的地方称其为“马蹄瘟”。

荸荠茎枯病发生初期，发病株的茎基部开始出现水渍状，继而有浅褐色云纹状斑块，小病斑逐渐合拢为大斑块。晴天露水未干或湿度较大时，病斑表面可见大量浅灰色霉层。病株上病斑组织软化后，茎秆陆续倒伏。有的整株发黄，成丛枯死。感病后的植株地下不结荸荠或结很小的荸荠，最终导致不同程度的减产。

荸荠茎枯病为真菌性病害，由球状茎或感病的荸荠苗带菌到大田，荸荠的生育全期均可发生，一般大田在8月中旬开始发病，盛发期在9月中下旬至10月上旬，在高温高湿的气候条件下病害最易流行。荸荠长期灌水，偏施氮肥，忽视磷肥、钾肥的施用，种植密度过大，茎叶生长过旺时，就很易诱发此病害，连茬田发病率更高。后期脱肥、脱水则会降低荸荠的抗病能力。荸荠一旦感病，病部产生的分生孢子就会连续入侵感染，并且借助风雨灌水传播，导致反复危害。

二、防治措施

1.实行轮作换茬。上年的荸荠田，常是茎枯病的病源田，要每年进行轮作，调换茬口，这是有效的农业预防措施。不但要换茬，而且要将荸荠田中的病株及野生荸荠苗铲除，然后集中深埋或焚烧，以减少病源基数。

2.选用无病球茎。一要选用无病虫危害的球茎；二要将准备作种用的球茎进行消毒处理，可将种用球茎于播种前用25%多菌灵可湿性粉剂500倍液浸种24小时，或用70%甲基托布津1000倍液浸种20小时；三要在荸荠幼苗移栽前，因地制宜地选用上述两种药剂浸种12～18小时；四要用25%施保克乳油1500倍液喷施幼苗。

3.合理安排密度。移栽较早的荸荠，每亩栽2200穴左右，中茬为每亩栽2600穴左右，晚茬的密度为每亩栽4000株左右。各地可根据当地的土壤质地、肥力情况灵活掌握。

4.改进施肥技术。一改底肥以施化肥为主为以施生物有机复合肥为主，二改偏施氮肥为主为氮、磷、钾肥配方施肥。每亩应施合缘酵素菌等生物有机复合肥50公斤，配施高含量的复合肥15公斤，开始结荠时，每亩应施磷肥15公斤、钾肥10公斤。同时抓好控水，做到浅水移栽、寸水返青、两寸水分蘖、封行后灌三寸水控苗。

5.交替施用农药。荸荠移栽之后、封行之前，要分次交替施用农药，可选用的农药有20%粉锈宁乳油（每亩用100～150毫升）1000倍液，或45%秆枯净可湿性粉剂500倍液，或普K作物杀菌修复液20毫升兑水15公斤喷雾，每隔10天左右施药1次。（湖北　余宏章）

花椰菜常见生理性病害的发生与防治

花椰菜在生产中，往往由于环境条件的影响以及栽培管理措施不当，造成品质劣变，影响商品价值。现将花椰菜几种常见生理性病害的发生原因与防治技术介绍如下：

1.青花、紫花

症状表现及发生原因：以春花椰菜表现较多，一般青花即花球上产生绿色小苞片、萼片等不正常现象；紫花是在花球表面形成红白不均的紫色斑驳。它们均是由于花球发育期间受低温影响而形成的。防治方法：①采用小拱棚保温栽培。②在结球期间加强栽培管理，在低温天气来临和骤然降温之前进行短期的拱棚薄膜覆盖或浮面覆盖遮阳网，以避免植株受到连续低温危害。

2.散花球

症状表现及发生原因：以夏花椰菜发生较多，一般花薹、花枝发育较快，导致散花球。形成原因：①结球期间温度过高，花球膨大受抑制，而花薹、花枝生长迅速，伸长后即导致散花。②花球充分长成后没有及时采收。防治方法：一是适期播种，将花球生长期安排在日均温度15～23℃的月份里（即以春、秋栽培为好），以避免结球期间受到高温影响。二是在花球充分长成、表面圆整、边缘尚未散开时及时采收。三是有条件的可浮面覆盖遮阳网以减轻结球期间的高温影响。

3.毛花球

症状表现及发生原因：即花球表面呈绒毛状，秋季栽培中常有发生。形成毛花球的原因主要是采收过迟，或遇到较高温度而引起花芽的进一步分化。防治方法：根据品种特性适期播种和定植，一般采取“一网一膜育苗”，掌握在7月中下旬播种，不要过早，苗龄不超过30～35天，同时注意适时采收。

4.早期现球

症状表现及发生原因：以春花椰菜表现较多，一般春栽花椰菜早期现球是在植株营养体较小时过早形成花球，并在直径长至5～8厘米时即不再生长的现象。它的形成往往由多种因素导致：①植株幼苗期遭受长时间的低温连阴雨影响，诱使花芽分化早，使植株叶丛较小时即形成花球。②苗期土壤干旱，氮素不足，导致植株营养生长缓慢，形成“小老苗”，现球后即成为小花球。③品种选用不当。防治方法：一是选择耕层深厚、富含有机质、疏松肥沃的壤土栽培，并施足基肥，促进营养器官发育，莲座期蹲苗后和花球形成期，追肥浇水要及时。二是严格掌握品种特性，适期播种，培育壮苗，提前定植的需进行短期拱棚覆盖，避免低温时间太长。

5.裂花与黑心

症状表现与发病原因：以夏花椰菜发生较多，一般裂花即花球内部开裂，花枝内呈空洞状，花环表面常出现分散的水浸状褐色斑点，食之味苦，花球周围小叶发育不健全，叶缘卷曲，叶柄发生小裂纹，生长点萎缩等，主要是由于土壤缺硼所致。土壤中缺钾则易造成花椰菜黑心。防治方法：①花椰菜定植前，采取氮、磷、钾配方施肥，推广应用有机无机复合肥作基肥，同时每亩基肥中施硼砂或硼酸0.25～0.50公斤。②生长期间发现植株或花球表现缺硼或缺钾症状时，可叶面喷施0.2%～0.3%的硼砂（或硼酸）液或0.2%的磷酸二氢钾溶液，隔5～7天喷1次，连续喷3次即可。

6.黄花球

症状表现及发生原因：花椰菜生产中，常常会出现花球变黄的现象，严重影响了花椰菜的商品价值。这主要是由于花球受强烈日光照射形成的，尤其以秋栽早熟品种发生较重。防治方法：①花球长至直径3厘米时可将靠近花球的1～2片外叶轻轻折弯，使之覆盖在花球上，有条件的可浮面覆盖遮阳网。②束叶：将植株中心的几片叶上端用稻草等捆扎起来。（湖北　张傲）

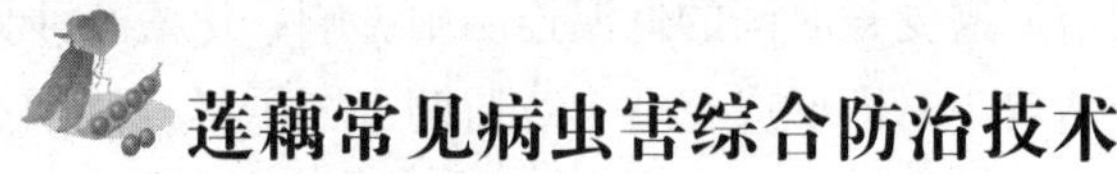

莲藕常见病虫害综合防治技术

一、常见病虫害种类与症状

1.常见病害

（1）莲藕腐败病。腐败病是莲藕主要病害之一，植株感病后，叶片边缘脱水失绿，出现青枯，后向内扩大，最后整个叶片卷曲焦枯，发病严重的田块，全田一片枯黄，似火烧状。病茎、莲鞭、根部受害部位病斑呈褐色至紫色，病茎出现纵向皱缩，莲鞭的输导组织也变成褐色，莲根坏死腐烂。在施用未腐熟有机肥、偏施氮肥的田块易发病。

（2）莲藕褐斑病。褐斑病是莲藕荷叶部常见的一种病害。发病叶面上产生直径为0.5～1.5厘米的近圆形淡褐色病斑，呈轮纹状，中心灰褐色或腐烂，严重时引起荷叶早枯。在高温、多雨、连作、缺肥的情况下易发生。

2.常见害虫：有蚜虫、斜纹夜蛾等。蚜虫主要集中为害立叶，造成立叶不能展开，影响生长；斜纹夜蛾主要为害花蕾。

二、防治措施

1.农业防治

（1）轮作倒茬。莲藕连年种植的田块易发生病害。对发病田块最好实行轮作倒茬，种植马铃薯、芋头等其他蔬菜，间隔3年以上。

（2）土壤消毒。定植前及时清除病株残体，整田时每亩施50～80公斤生石灰并耙匀进行藕田消毒，也可选择多菌灵、敌克松等广谱性杀菌剂进行土壤消毒。

（3）选种。一是要选择早熟、高产、抗病品种，如“鄂莲三号”、“鄂莲五号”等；二是要从无病藕田选择形状整齐、健壮、无损害的莲藕做种。

（4）科学施肥。通过科学施肥促进莲藕健壮生长，提高自身抗病能力。施肥以底施腐熟的农家肥为主，每亩施农家肥2000～3000公斤或腐熟人粪尿2000公斤、过磷酸钙40～50公斤、尿素10～15公斤、硫酸钾7～10公斤，有条件的增施草木灰100～200公斤。

（5）合理密植，控水疏花。合理密植可确保藕田通风透光。水位应按照“浅—深—浅”的原则：立叶长出之前保持5厘米左右；出现2~3片立叶时保持10厘米深为宜；荷叶封行莲藕旺盛生长阶段已到炎夏，水位保持在15~20厘米深，以缓解高温对莲藕生长的影响；后期莲藕进入地下茎膨大期，水位保持在5~10厘米深，有利于地下茎膨大。莲藕开花结果容易消耗养分，影响地下茎产量，应及时疏花，一般每7~10天疏摘1次，连续疏摘3~4次。疏花时应将花梗曲折，但不能将花梗折断，以免雨水从折断处流入，引起莲藕腐烂。

2.化学防治

（1）药剂浸种。预防莲藕腐败病，可在播种前对种藕用多菌灵+百菌清600~800倍液处理10分钟，然后用塑料薄膜覆盖闷种24小时，晾干后再栽植。

（2）药剂防治。发病初期用75%百菌清0.5~1公斤拌细土25公斤堆闷几小时后撒入病株周围，同时可用70%甲基托布津1000倍液，或百菌清、多菌灵500倍液，加入0.2%中性洗衣粉进行叶面、茎秆喷雾，每7天喷1次，连喷2~3次。

（3）虫害防治。蚜虫用40%乐果或50%抗蚜威或吡虫啉1000~1500倍液喷洒防治；斜纹夜蛾用52%农地乐乳油1000~1500倍液喷洒防治，也可选菊酯类农药喷洒防治。（陕西　裴心哲　艾青）

如何预防山药死藤

8~9月份多为高温、高湿天气，山药易遭受病菌侵袭，如果生长环境不良或管理不当，很容易导致产量大降、品质欠佳。防治方法：

1.杜绝病毒来源

种植地应选择间隔三年以上未种山药的黄色或棕色沙质土壤的田块。种山药的头一年一定要种水稻，冬季种小麦、大麦等禾本科作物，千万不要种油菜、甘蓝类阔叶蔬菜，这样田块病毒少，山药就有一个良好的生长环境。

另外，要选择黄亮、无病斑的山药做种，切种时伤口涂上草木灰灭菌。环境好、种好，山药自然能健康生长。

2.科学管理

山药喜干燥、怕渍水，所以栽培时应窄厢深沟，厢宽1米左右，沟深20～35厘米。除草可用除草剂，前茬作物收获后，可用“百草枯”除草，以后每隔10～15天雨后天晴时喷一次“乙草胺”“拉索”等芽前除草剂。实践证明，过多锄泡土壤，山药积水也会死藤。8月底以后，每隔半个月左右雨后天晴时喷一次杀菌剂防死藤，可用美国产的“代森锰锌”+日本产的“甲基托布津”防治3～4次。

如长期不下雨，山药块茎会因缺水而生长不好，可在下半夜或早上冷土灌大半沟水，让厢面湿润80%就行，千万不要在中午烈日热土时灌水，否则山药会因受不了冷热变化造成生理失调而落叶枯藤。（湖北　管志雄）

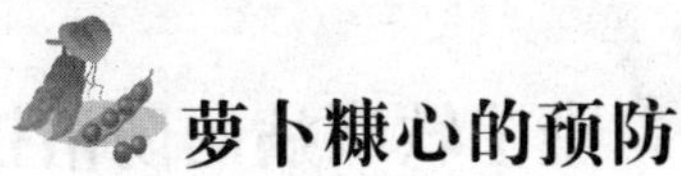

萝卜糠心的预防

萝卜糠心（也叫空心、泡心）是萝卜生长期缺硼所引起的一种生理病害。患病萝卜从外观上看很正常，但肉质根的中心部组织已变成白而亮的气泡，形成一种海绵状结构，严重影响萝卜的品质。一般大个萝卜比小个萝卜容易糠心；旱地种的萝卜当年易糠心，水田种的萝卜储存期易糠心。此外，在施肥上，有机肥施得少、偏施化学氮肥的也易引起糠心。

防止萝卜糠心应采取综合栽培技术措施：首先要合理施肥，基肥以人畜粪肥和土杂肥为主，避免偏施化肥，尤其不可偏施化学氮肥；其次要合理灌溉，遇旱要灌，遇涝要排，防止土壤忽干忽湿。实践证明，增施硼肥能有效地防止萝卜糠心，硼肥既可作基肥，也可作叶面肥。作基肥施每亩用硼肥0.5～0.75公斤，与土杂肥拌匀后穴施或沟施；作叶面肥可在播种后30天左右开始，用0.3％硼砂溶液喷洒叶片，每隔5～7天喷施 1 次，连施3～4次。施硼肥在预防糠心的同时，对萝卜裂皮也有很好地预防作用。

预防萝卜储藏期发生糠心可采取如下措施：在收获前5～7天喷一次浓度为30～50毫克／公斤的萘乙酸或浓度为25～30毫克／公斤的2,4-D或浓度为50毫克／公斤的防落素，不仅可有效预防萝卜在储藏期发生糠心，而且能保持萝卜原有的色泽。萝卜储藏前要切去生长点和剪除根毛，并保持储藏环境的温度在0℃左右，不要高于3℃，相对湿度保持在90％～95％，避免高温引起呼吸作用增强，甚至引起发芽，导致储藏的萝卜养分消耗而引起糠心。（湖南　宋惠安）

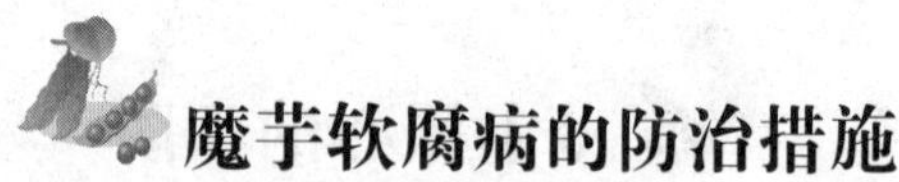

魔芋软腐病的防治措施

一、发病症状及发病规律

植株受害组织部位变软、发黑、腐烂。初发生时叶片黄化至整个复叶枯黄萎蔫倒苗，发病部位多在叶柄基部与球茎交界处。腐烂的组织散发出酒糟味和恶臭味。从病部流出的带菌汁液，会侵染附近的健康植株，在雨水较多时容易大面积流行，发病严重时成片倒伏。已种植的种芋在出苗前若遇持续高温天气，带菌种薯就会腐烂、死亡。7～8月是发病高峰期，9月中、下旬发病率逐渐下降。病原菌在带病种芋、病残体或土壤中越冬。

二、综合防治技术

1.合理采收与储藏

选择阴天采收。采收时要轻挖、轻放，防止损伤块茎。魔芋储藏前，储藏库要按每立方米用硫黄5～10克，或每立方米用1：40的福尔马林液30～50毫升熏蒸，密闭3～4天后，打开门窗通气2～3天，排尽药味。种芋要选择表皮光滑，皮色嫩黄，形状正常，顶芽粗短，芽窝浅且平和无病虫、无损伤的块茎储藏。储藏中要及时剔除腐烂种芋，并在周围撒石灰或混合粉消毒。

2.选地轮作

选择土层厚、肥沃、湿润、排水好、微酸性至中性的土壤，对于病害发生严重的田块，应实行 5 年以上的轮作。前作应是小麦、大麦、葱、蒜等作物，避免与十字花科、茄科、瓜类、烟草等作物连作。

3.土壤消毒

冬季深翻地30～40厘米，以加速病残体的分解，抑制菌核的萌发。春季整地要做到深沟、高畦，以利排水，防止积水。发病重的地块，在整地时每亩可撒施由50公斤生石灰、50公斤草木灰、1公斤硫黄粉拌成的混合粉，或每亩用敌克松原粉1～2公斤进行土壤消毒。

4.精选种芋

播种时剔除有流胶、破损及畸形的芋种，选无病、无伤口，健康的种芋进行种植。

5.肥水管理

魔芋生产要重施底肥，多施磷、钾肥，平衡施肥。避免施用过多的氮肥，以防植株徒长。追施有机肥必须保证充分腐熟，施肥时不要靠近植株，以免损伤块茎和植株。天旱时应及时浇水，不要漫灌和串灌，以减少病菌传播。

6.遮阴与除草

魔芋“喜阴怕晒”，高温易造成灼伤，可与玉米或其他经济林木套种或间种，增强植株的抗病力。魔芋根系浅，分布在约10厘米的表土层内，中耕除草不能用锄头，宜用手拔除杂草，以防损伤魔芋根系和幼苗，或使用除草剂清除杂草。

7.病虫害防治

魔芋生长期易遭受铜绿金龟子、甘薯天蛾、豆天蛾、斜纹夜蛾等害虫为害。防治方法：铜绿金龟子可在下午3~4时喷洒25%西维因可湿性粉剂400倍液毒杀成虫。甘薯天蛾、豆天蛾、斜纹夜蛾均可用20%杀灭菊酯乳油1500倍液或5%来福灵乳油1500倍液进行防治，还可用黑光灯或糖浆诱杀甘薯天蛾、斜纹夜蛾成虫。

魔芋软腐病可用农用链霉素200~500毫升/公斤，50%代森铵溶液600~800倍液、77%可杀得可湿性粉剂600倍液防治，每隔7~10天喷洒1次。喷药时应注意喷在植株基部和地表。生长期发现病株，要及时挖除，带出田块焚毁，在病株周围撒上消石灰，并用上述药剂喷洒邻近植株，防止病害蔓延。（云南罗文举）

芝麻主要病害的识别与防控

芝麻病害是芝麻正常生产过程中的主要障碍，常常导致芝麻大幅度减产，发病严重时甚至颗粒无收，成为影响农民种植芝麻积极性的关键因素。对芝麻产量影响较大的芝麻病害主要有：立枯病、枯萎病、青枯病及茎点枯病。

一、立枯病

1.发生时期及症状

立枯病俗称“死苗”，一般5月中下旬至6月中下旬播种的芝麻在苗期容易发生立枯病。立枯病危害芝麻茎基部和根部，病株茎部产生褐色病斑，后绕茎部扩展，最后茎部缢缩成线状，病部皮层变褐缢缩，幼苗折倒枯死。

2.防控措施

发病初期选用75%百菌清可湿性粉剂600倍液，或5%井冈霉素水剂1500倍液，或20%甲基立枯磷乳油1200倍液，进行喷雾防治。

二、枯萎病与青枯病

1.发生时期及症状

一般6月底至7月底芝麻进入初花至盛花期，容易发生枯萎病和青枯病。枯萎病为典型的维管束病害，叶片自下而上变黄枯萎，最后变褐枯死，有整株枯死的，也有半边枯死的。茎上病斑褐色、长条形，潮湿时出现粉红色霉层。横切病茎，维管束变成褐色。

青枯病的典型特征为：叶片自上而下逐渐萎蔫，茎秆顶梢有2～3个梭形溃疡状裂缝，维管束褐色空腔，茎秆内外均有菌脓。

2.防控措施

枯萎病：发病初期可选用50%多菌灵500倍液、70%甲基托布津800倍液或25%嘧菌酯800倍液喷洒防治。

青枯病：发病初期可选用72%农用硫酸链霉素4000倍液或20%龙克菌（噻菌铜）500倍液喷洒防治。

三、茎点枯病

1.发生时期及症状

一般9月中下旬，芝麻进入成熟期，容易发生茎点枯病。茎点枯病的典型特征为：病株茎部初呈黄褐色水浸状，后扩展很快，绕茎一周，中心有银灰色光泽，其上密生黑色小粒点，表皮下及髓部产生大量小菌核，茎秆中空易折断。

2.防控措施

发病初期可选用25%嘧菌酯800倍液或50%咪酰胺锰盐1500倍与20%井冈霉素1000倍混合液喷洒，或与5%己唑醇2000倍液混合喷洒。（江西　魏林根　肖运萍　汪瑞清）

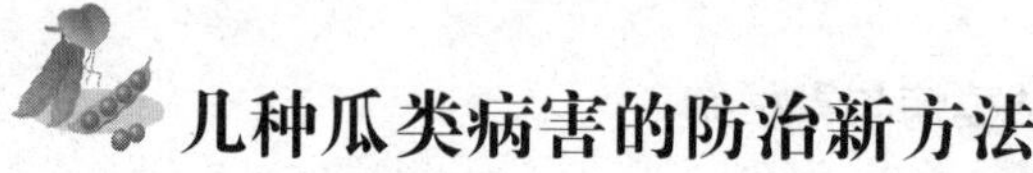

几种瓜类病害的防治新方法

瓜类一般产量高、效益好，因此种植面积大，但其病害也多，特别是瓜类疫病、炭疽病、白粉病、霜霉病危害尤其严重，防治也比较困难。近年来，笔者在瓜类生产技术指导实践中，探索出一些行之有效的防治瓜类病害的新方法，现介绍如下：

1.瓜类疫病

疫病常危害黄瓜，也危害冬瓜和其他瓜类。一般在田间积水、高温、高湿的环境条件下易发病，连作地易发病。发病部位多从茎节上开始。防治：①选用抗病品种；②与非瓜类作物3年以上轮作；③控制瓜地湿度，及时整枝打叶，增强通风透光；④发病前及时喷药保护，常用75%百菌清可湿性粉剂600倍液，或70%代森锰锌可湿性粉剂600倍液喷雾，可7~10天喷1次，共喷2~3次，重点喷茎节部位。

2.瓜类炭疽病

炭疽病对西瓜、甜瓜危害最重，其次危害黄瓜、冬瓜、苦瓜。主要危害茎叶，也危害幼瓜。一般湿度越大发病越重，植株生长中后期发病越重，在时间上，以8月中、下旬发病较重。防治：①种子消毒，用50~55℃的温水浸种20分钟；②与非瓜类作物3年以上水旱轮作；③药剂防治，发病初期用70%甲基托布津可湿性粉剂1000倍液或50%多菌灵可湿性粉剂800倍液喷雾，隔7天喷1次，连喷2~3次。

3.瓜类白粉病

以黄瓜、西葫芦、南瓜、甜瓜发病最重，其次是苦瓜、冬瓜，多危害叶片。该病借气流传播，湿度大时蔓延流行最快。一般7~10月份发生较重。防治：①加强栽培管理，提高植株抗病能力；②在病害流行季节提前喷药，可用25%粉锈宁1000倍液或70%甲基托布津1000倍液喷雾，每7天喷1次，共喷2~3次。

4.瓜类霜霉病

该病主要危害叶片。是黄瓜的主要病害，其他瓜类发生较轻。借气流传播，在大雾、多雨天气发病严重；种植过密、低洼地、连作地发病严重。防治：①选用抗病品种；②加强栽培管理，合理密植，提高植株抗性；③发现中心病株立即喷药，可用

25%瑞毒霉600倍液或80%代森锰锌500倍液喷雾，每7天喷1次，连喷2～3次。（江西　刘用华）

金针菇生理性病害及其防治

金针菇是一种食用兼药用菌，脆滑爽口，营养丰富。生产上如栽培管理不当，就容易发生一些生理性病害，这里给大家介绍金针菇五种常见的生理性病害的发生与防治，供广大菇农朋友参考。

1.针状菇

主要表现为子实体上部尖细，菌柄稍粗，呈针状。主要原因是二氧化碳浓度太高，抑制了菌盖的生长。防治方法是：保证良好的通风条件，避免开袋过迟，套袋后每天要进行一次通风换气。

2.提前开伞

子实体还没有充分发育成熟，菌盖却偏大，过早开伞。主要原因是与菌袋质量有关，其次要看是否被细菌、真菌污染，再者与出菇过程中空气、光线、湿度、温度有关，另外还有可能是辅料麸皮含量过低所致。防治办法是：严把灭菌、接种关，出菇期空气、光线、湿度协调好，一般品种出菇温度不高于15℃，麸皮含量不低于20%，这样才能使菌丝粗壮、产量高。

3.水菇

所谓“水菇”，是指子实体就像在水中浸泡过一样，呈半透明状，几乎没有商品价值。主要原因是：温度高、喷水太多，水分蒸发慢，水分都存留在子实体上。防治办法是：喷水次数不应太多，菇房空气湿度应保持在80%左右，定期通风。

4.菌柄基部茸毛联结

子实体基部茸毛多少直接影响到金针菇的商品价值。主要原因是与湿度和空气有关。防治办法是：避免空气湿度过干或过湿，否则就容易产生茸毛；另外，在幼菇期容易出现二氧化碳浓度过高、氧气不足，因此应增加袋内含氧量。

5.侧生菇

主要表现为子实体不是从培养料表层长出，而是多数都长在菌袋侧壁上。主要原因是：培养料装袋过松，培养料脱离菌袋就极易长出子实体，消耗养分。防治办法是：培养料装袋时一定要松紧一致，尽量使用装袋机，避免出现菌袋过松现象。（山东 于恒）

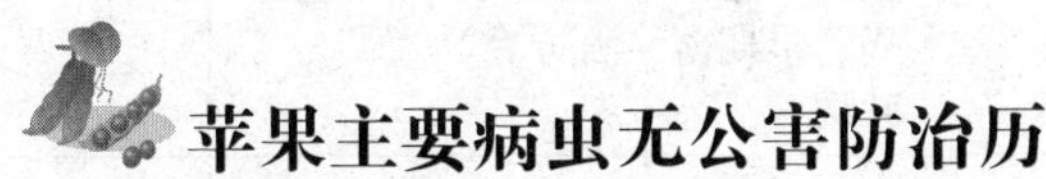

苹果主要病虫无公害防治历

防治时期	防治对象	防治措施	注意事项
休眠期（11月下旬至次年3月上旬）	红蜘蛛、卷叶蛾类、轮纹病、腐烂病等	清园，剪除病僵果、干枯枝、病虫枝，集中烧毁或深埋；剪锯口消毒保护；早春轻刮树皮，刮治腐烂病、轮纹病，用甲硫·萘乙酸1～2倍液涂抹病斑	工具要消毒，刮治病斑应超出病斑边缘0.5厘米左右

续上表

防治时期	防治对象	防治措施	注意事项
萌芽前（3月中下旬）	红蜘蛛、介壳虫、腐烂病、轮纹病等	树上喷5波美度石硫合剂	全树淋洗式喷洒，务必周到均匀
花前花后（4月中下旬）	绣线菊蚜、红蜘蛛、金龟子、金纹细蛾、天牛类、轮纹病、霉心病等	树上喷10%吡虫啉2000倍+3%多抗霉素800倍液，磷化铝毒签填塞排粪孔	苹果棉蚜严重的果园花前花后各喷一次48%毒死蜱1500倍液
生理落果期（5月上中旬）	红蜘蛛、金纹细蛾、卷叶蛾类、炭疽病、轮纹病、早期落叶病等	可用12.5%腈菌唑2000倍+1.8%阿维菌素2000倍+25%灭幼脲3号1500倍液喷洒防治	视病虫种类加减药物，务必选用对果面刺激轻的优质农药
幼果期（5月下旬至6月上中旬）	红蜘蛛、梨花网蝽、金纹细蛾、黑星麦蛾、炭疽病、轮纹病、早期落叶病等	可用1%甲维盐2000倍+3%多抗霉素800倍液或4%氟硅唑8000倍+25%灭幼脲3号2000倍液	视病虫种类加减药物，务必选用对果面刺激轻的优质农药。如果套袋，套袋前喷药应均匀周到，用药后及时套袋

续上表

防治时期	防治对象	防治措施	注意事项
果实膨大期（6月至7月上旬）	红蜘蛛、桃小食心虫、梨小食心虫、金纹细蛾、轮纹病、炭疽病、早期落叶病等	防治病害可选用50%多菌灵、70%进口甲基托布津、40%氟硅唑、10%苯醚甲环唑、12.5%腈菌唑、12.5%烯唑醇等。喷洒杀菌剂后，间隔7天，再喷一次1：2：200的波尔多液，可起到很好的治疗与保护作用。防治桃小食心虫、梨小食心虫、金纹细蛾、卷叶蛾等可用1%甲维盐2000倍液、25%灭幼脲3号1500倍液等。防治红蜘蛛可用1.8%阿维菌素或6.78%爱诺螨清等	此期用药应视当年天气情况，根据品种特性要求及病虫种类和发生程度选择药剂种类，把握交替用药原则。桃小食心虫、梨小食心虫、金纹细蛾的具体防治时期可根据性诱剂诱集的成虫高峰期来确定
早熟品种成熟始期（7月中下旬至8月上旬）	红蜘蛛、桃小食心虫、梨小食心虫、舟形毛虫、轮纹病、炭疽病、早期落叶病等		
中熟品种着色期（8月中旬）	桃小食心虫、舟形毛虫、炭疽病、轮纹病、早期落叶病等		
晚熟品种着色期（8月下旬至9月上中旬）	炭疽病、轮纹病、早期落叶病等	可用70%进口甲基托布津1200倍液或12.5%腈菌唑2000倍液或12.5%戊唑醇2000倍液喷洒防治	一般不再使用波尔多液，如果降雨多，可用碱式硫酸铜与前述杀菌剂交替使用
采收后（10月中下旬至11月上旬）	腐烂病	全园喷洒21%过氧乙酸100倍液	着重喷枝干

注：本防治历以本地晚熟品种为例制定，其余早、中熟品种可参考执行。（河北　杨彦玲　郭广杰）

柑橘黑星病的发生与防治

柑橘黑星病也称柑橘黑斑病，各柑橘产区都有发生。该病主要危害柑橘果实，叶片亦有发生。危害轻者，降低果实品质，影响柑橘果实商品价值；危害严重时，造成早期落果和落叶，严重影响柑橘产量。储藏运输期间，病斑会继续扩大，使果实变黑腐烂。

一、症状

柑橘黑星病多发生在接近成熟的果实上，很少在青果上发生。根据被害果实的症状它又可分为黑星型和黑斑型。

1.黑星型：受害果面发生红褐色小斑，后扩大至圆形，周围隆起，红褐色至黑褐色，中央凹陷，灰褐色，其上散生许多黑色小点，仅侵害果实表皮。

2.黑斑型：受害果初生淡黄色或橙黄色小点，逐渐扩大变为暗褐色至黑色不规则病斑，略凹陷，中央散生许多小黑点，严重时病斑可连接成片，甚至扩大到整个果面。

柑橘黑星病病斑一般为直径2~6毫米，散生，一个果上可发生数个至数十个病斑，受害严重时，病斑密布或连成片，常导致落果。枝梢和叶片受害后，其症状与在果实上的相似。

二、防治措施

1.清洁田园：病菌主要来自落在地面的病叶、病果和病枝，冬春季要做好清园工作。结合修剪，剪除病枝，将落叶、残枝、落果收集干净并加以烧毁，同时喷施一次0.5波美度石硫合剂，或结合深翻施肥，把表土落叶等混合石灰埋入深处，以减少病菌来源。此外，发病严重的果园，春末夏初要及早清理地面落叶，也可减轻该病的发生。

2.加强栽培管理：增施有机肥，注意氮、磷、钾的合理搭配，合理用水，适当修剪，改善通风透光条件，促使植株生长健壮，提高抗病力。对于感病品种和老年树，还要注意缺镁症、流胶病等的防治，以免削弱植株的抗病力。此外，在采收及储运时，尽量不要损伤果皮，以免在储运期间增加该病的危害。

3.化学防治：谢花后一个半月内和8月份前后，进行喷药保护，10～15天喷1次，连喷2～3次。喷洒的药物可选用43%好力克悬浮剂600倍液、70%安泰生可湿性粉剂3000倍液、80%大生M-45可湿性粉剂600倍液、70%甲基托布津可湿性粉剂800～1000倍液、50%多菌灵可湿性粉剂600倍液、45%晶体石硫合剂300～400倍液以及0.5：1：100的波尔多液等。注意适时轮换用药，避免病菌产生抗药性。（重庆　王建新）

柑橘角肩蝽的危害及防治技术

柑橘角肩蝽属半翅目，蝽科，俗名臭屁虫。主要危害柑橘果实，轻则造成部分劣果、次果，重则引起大量落果，部分发生严重的橘园落果率达80%。柑橘角肩蝽呈间歇性逐渐加重发生趋势。笔者通过多年对柑橘角肩蝽的监测，探索了柑橘角肩蝽在柑橘上的为害特征和发生规律，提出综合防治技术。

一、为害特征

柑橘角肩蝽成虫和若虫用口针插入柑橘果内吸食汁液（亦能吮吸嫩枝汁液），果实被害后，幼果易脱落，接近成熟的果实伤口变成黄斑，不呈水渍状（与大实蝇、吸果夜蛾为害柑橘果实后伤口呈水渍状易于区别），果实内部果瓤干缩，糖分、水分减少，嚼如干渣，失去柑橘风味。

二、发生规律

柑橘角肩蝽每年发生1代。以成虫在石缝、屋檐或树冠茂密处等隐蔽场所越冬。越冬成虫于次年4月开始活动，取食交配。5月上、中旬产卵，卵聚产于叶片上，每块卵14粒。成虫寿命可达1年之久，产卵期长，从5月到10月均可见卵块。初孵若虫有群集性，常聚于叶片，并不为害果实中部。蜕皮后2龄若虫才逐渐分散，常三五成群集中在果上为害。7～8月若虫数量最多，也是一年中为害最严重的时期，最易引起落果。

三、综合防治技术

1.加强测报：密切注意角肩蝽发生动态，在掌握越冬成虫基数、分布的基础上，发布角肩蝽发生量及若虫发生期预报，指导橘农及时防治。

2.农业防治：适度修剪，使树冠通风透光；合理施肥，增强树势。

3.捕捉成虫：清晨、傍晚或阴雨天，成虫多栖息在树冠外围叶片、果实上，不活泼，容易捕捉消灭。

4.摘卵块和初孵若虫：成虫卵多产在叶面或果实上，容易发现，在初孵若虫未分散前都可查找摘除。

5.生物防治：橘园禁用高毒、高残留农药，保护天敌，利用黄猄蚁、蜘蛛、螳螂捕食角肩蝽成虫和若虫，减少落卵量；利用橘棘蝽、平腹小蜂寄生角肩蝽卵粒，减少若虫为害，被寄生的卵粒在卵盖下有一黑环，在摘除卵块时，应加以保护。

6.化学防治：在角肩蝽初龄若虫期，用90%晶体敌百虫800倍液或80%敌敌畏1000倍液或20%杀灭菊酯2000倍液树冠喷

雾。（湖北　曾正国）

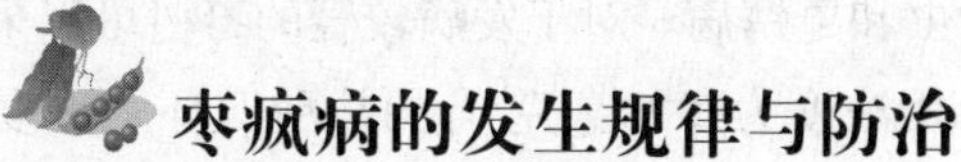

枣疯病的发生规律与防治

枣疯病又名“虫枣病”“聋病”等，主要表现为枣树地上和地下部分生长不正常，包括花变叶、芽不正常萌发和生长，引起枝叶丛生，枝条节间缩短，嫩叶明显黄化和卷曲呈匙性，侧根丛生。变态的花不能结果，花柄延长的花蕾可结果但易提前脱落。一年生或多年生发育枝上的腋芽大部分萌发成发育枝，这种发育枝上的芽又继续萌发和生枝，循环往复，就形成了丛枝。

枣疯病是一种系统侵染病害。病原侵入后逐渐在全株扩散蔓延，因此症状就由局部扩展到全株，一般大枝发病大约4年即全株死亡。枣疯病可以通过皮接、芽接、枝接、切接、根接等嫁接方法和分根直接传染，也可由传毒昆虫作为媒体进行传播，已确认中国拟菱纹叶蝉和凹缘菱纹叶蝉为传毒媒介。

枣疯病作为一种系统侵染性病害具有传播性、防治困难的特点，只有针对性地抓住关键环节才能收到满意的防治效果。具体防治措施有：

1.化学药剂防治

第1次于枣树发芽时（3月下旬至4月上旬）喷洒100倍柴油乳剂，杀灭中国拟菱纹叶蝉孵化卵、凹缘菱纹叶蝉越冬转株成虫及枣尺蠖初龄幼虫；第2次于枣花期间（5月中旬）喷洒10%氯氰菊酯5000倍液，杀灭中国拟菱纹叶蝉第1代、凹缘菱纹叶蝉、枣尺蠖3龄幼虫；第3次于枣盛花期末（6月下旬）喷洒30%菊酯乳油1000倍液，杀灭中国拟菱纹叶蝉成虫、凹缘菱纹叶蝉、桃小食心虫第1代卵及初孵幼虫；第4次于7月下旬喷洒20%速灭杀丁3000倍液加20%粉锈宁2000倍液，防治两种叶蝉、桃小食心虫第2代卵及初孵幼虫和枣锈病。对于发病较轻的枣树可以采取注射四环素的办法。用浓度为1000毫克/升的盐酸四环素液浸泡优良枣树品种接穗0.5小时，可以彻底杀灭病原体。

2.加强枣林经营管理

枣树附近下面种植芝麻，或者适时给芝麻喷洒农药杀灭凹缘菱纹叶蝉。于早春越冬凹缘菱纹叶蝉转移前，在松、柏树上喷洒农药，将其杀灭在越冬时期。选用无病砧木、接穗和母树，保证幼树健康生长。尽量避免根蘖繁殖，以免造成病害蔓延。选用抗病品种，如“山东大酸枣”“山西婆婆枣”“长红枣”“空枣铃”等。

3.合理环剥树皮

必要时可以对枣树实行环状剥皮，阻止病原体随树体养料运行。（河南　白志怀　贺孝红　王铁军）

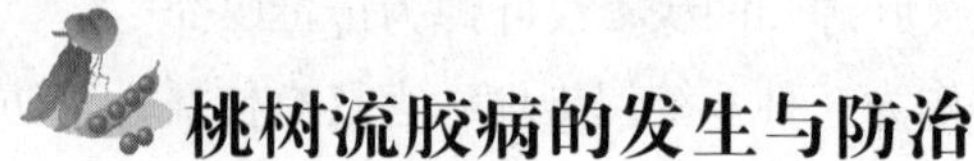

桃树流胶病的发生与防治

造成桃树流胶的原因很多，如遭受病虫危害，施肥不当（缺肥或偏施氮肥），土质黏重、排水不畅，夏季修剪过重，定植过深，连作及遭受雹害、旱涝、冻害、日灼等，都会造成桃树流胶。四年以上的树发生较重，枝干、新梢、叶片、果实上都可发生流胶现象，以枝干最严重。发病枝干树皮粗糙、龟裂、不易愈合，流出黄褐色透明胶状物，流胶严重时，树势衰弱，并易成为桃红颈天牛的产卵场所而加速桃树死亡。

1.加强综合管理，促进树体正常生长发育，增强树势

夏季可全园覆盖，以减少流胶病发生。没有种植绿肥的果园，夏秋高温干旱季节全园覆盖10厘米厚的杂草或稻草，不但能够提高果园土壤含水量，利于果树根系生长，增强树势，而且可有效地防止地面辐射热导致的日灼而引发桃树流胶。4～5月及时防治天牛等害虫侵害桃树的根颈、主干、枝梢等部位，防治桃蛀螟幼虫、卷叶蛾幼虫、梨小食心虫、椿象等为害果实。认真检查桃园，特别是侵染枝干、根颈的病害，一旦发现就要及时喷药，把病虫害消灭在发生初期。这些措施能够有效地减少桃树流胶病的发生。

2.药物防治

由机械、虫伤、日灼等引起的非侵染性伤口流胶，开始为白色透明胶状，然后胶状颜色逐渐变成褐红色。气温在15℃以上就开始发生，气温25℃左右雨后湿度大时就有可能暴发。被害桃树树势衰弱，叶片变小变黄，病部容易被腐生菌感染而木质腐烂。树体流胶严重影响树体发育，被侵染的果实失去食用价值。可用农用链霉素进行喷洒和涂刷主干。如果是真菌性病原引起的流胶，可用抗菌剂401、多菌灵、甲基托布津、异菌脲等喷洒或涂刷主干，涂刷主干的药液浓度比喷洒树冠的浓度可以相对提高。主干涂刷之前，用竹片把流胶部位的胶状物刮除干净后，再涂刷药液，或用废旧干净棉布剪成条状，浸透药液后包于患处，然后用10厘米宽的薄膜包扎，具有较好的防治效果。

由侵染性病原导致的流胶发生在根颈、主干、枝杈等部位，开始发病时，枝干部位出现肿胀，然后流出淡黄色透明树脂，随着时间推移，冻状胶体颜色逐渐变成淡红褐色、棕褐色，如果天气干燥，胶状物转变成茶褐色坚硬胶块，呈结晶状，黏附于枝干表皮。可在桃树生长期用50％多菌灵800倍液或70％甲基硫菌

灵超微可湿性粉剂1000倍液喷细雾防治，每半个月喷1次，共喷3～4次。（江苏　张华东）

猕猴桃根腐病的发生与防治

一、症状

猕猴桃根腐病为毁灭性真菌病害，能造成根颈部和根系腐烂，严重时整株死亡。初期在根颈部出现暗褐色水渍状病斑，逐渐扩大后产生白色绢丝状菌丝。病部皮层和木质部逐渐腐烂，有酒糟气味，菌丝大量发生后经8～9天形成菌核，似油菜籽大小，淡黄色。下面的根系逐渐变黑腐烂。地上部叶片变黄脱落，树体萎蔫死亡。

二、发病规律

病菌在根部病组织皮层内越冬或随病残组织在土壤中越冬，病组织在土壤中可存活1年以上，病根和土壤中的病菌是第2年的主要侵染源。翌年4月份开始发病，高温高湿季节发病，由病残体传播，经接触传染。

三、发病原因

浇水过多，果园积水，施肥距主根较近或施肥量大，翻地时造成大的根系损伤，栽植过深，土壤板结，挂果量大，土壤养分不足，栽植时苗木带菌，这些情况都容易引发根腐病。

四、防治措施

1.实行高垄栽培，合理排水、灌水，保证果园无积水。及时中耕除草，破除土壤板结，增强土壤透气性，促进根系生长。

2.增施有机肥，提高土壤腐殖质含量，促进根系生长。

3.科学施肥，合理耕作，避免肥害和大的根系损伤。

4.控制负载量，增强树势。

5.把好苗木检疫关。

6.化学防治。树盘施药在3月份和6月中下旬进行，可用80%代森锌200～400倍液或70%DTM500倍液灌根。发现病株时，将根颈部的土壤挖开，仔细刮除病部及少许健康组织，用0.1%升汞消毒后，涂1：0.5：10的波尔多液，15天后换新土盖上。刮除的创面较大时，要涂蜡保护，并追施腐熟粪水，以恢复树势。（陕西　李会芳）

柿树常见病虫害的防治

柿树的常见病虫害主要为“四病三虫”。“四病”是指柿黑星病、圆斑病、角斑病、白粉病，“三虫”是指柿绵蚧、柿蒂虫、柿小叶蝉。

具体防治方法为：

1.休眠期（11月份）剪除刺蛾虫茧；树干绑草把诱集害虫，草把取下后和园内落叶集中焚烧，以杀灭越冬病虫害；入冬前喷5度石硫合剂；主干、主枝刮粗皮。

2.在主干基部周围60厘米内堆土，堆高20厘米左右。

3.发芽前，近地面树干上环状刮粗皮，宽20厘米左右，然后涂40.7%的毒死蜱乳油，喷5度石硫合剂或5%的柴油乳剂，以铲除越冬病虫卵；在树干周围0.5～0.8米以外土施辛硫磷。

4.发芽后喷0.2度石硫合剂，或石灰倍量式波尔多液，或80%的代森锰锌可湿性粉剂600～800倍液，可防治柿黑星病、圆斑病、角斑病、白粉病等病害。剪除柿黑星病病源、病果。

5.开花期除去树干基部堆土，摘除虫果。

6.在5月份喷2.5%溴氰菊酯乳油4000倍液防治柿小叶蝉、柿蒂虫；喷80%代森锰锌可湿性乳油600～800倍液，抑制白粉病、炭疽病危害。

7.在6月份喷2.5%溴氰菊酯乳油4000倍液杀死柿小叶蝉；喷50%辛硫磷乳油600倍液加20号石油乳剂120倍液，防治柿绵蚧；喷1：（2～5）：600的波尔多液，防治柿圆斑病、角斑病、白粉病。

8.在7月份喷20%甲氰菊酯乳油2000倍液，或2.5%溴氰菊酯乳油4000倍液防治柿蒂虫，并摘除其为害果，结合喷波尔多液防多种病害；刮粗皮、绑草把，诱集柿蒂虫越冬幼虫，并加强柿绵蚧的防治。

9.在9月份摘除柿蒂虫为害果，喷50%辛硫磷加20号柴油乳剂120倍液防治柿绵蚧和柿蒂虫，并喷波尔多液预防炭疽病。

10.果实采收后及落叶期，及时清理果园落叶及柿树病残体。（河南　白志怀　屈淑霞　冉占杰）

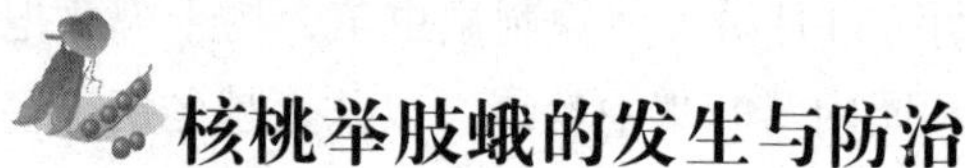

核桃举肢蛾的发生与防治

核桃举肢蛾俗称核桃黑和黑核桃，属鳞翅目举肢蛾科，在我国核桃产区普遍发生，且为害严重。

一、为害特点

核桃举肢蛾幼虫在核桃青皮里纵横蛀食，使青皮变黑或皱缩，果仁发育不良，被害果实变黑，故称核桃黑，被害果常提早脱落。有的幼虫早期钻进果壳内蛀食种仁，使核桃仁枯干；有的蛀食果柄，破坏维管束组织，造成早期落果，严重影响核桃的产量和品质。

二、防治措施

1.冬、春季深翻树盘，将表土翻入底层，使越冬幼虫不能化蛹，可消灭部分越冬幼虫。

2.树冠下施药。成虫羽化出土前或幼虫入土越冬期，可在树冠下的地面上用25%辛硫磷胶囊300倍液均匀喷洒，或将药加水5倍拌细土200倍制成毒土，撒于树冠下，喷洒药液后浅锄或盖一层薄土，可取得较好的效果。

3.成虫产卵盛期和幼虫发生初期进行树上喷药，每隔半月喷1次25%西维因可湿性粉剂500倍液，或50%杀螟松乳油1000倍液，或50%敌敌畏乳油1000倍液，或20%速灭杀丁乳油2000~2500倍液，共喷2~3次，重点是喷果。

4.及时摘除虫果和捡拾落果，集中烧毁或深埋。（河南刘磊）

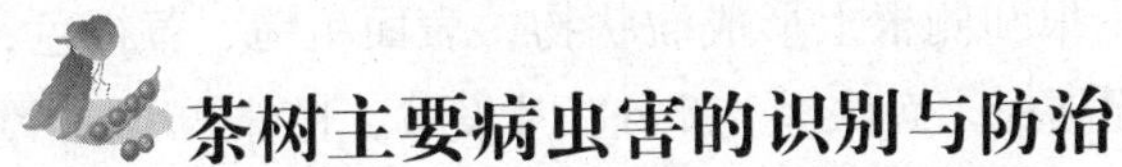

茶树主要病虫害的识别与防治

一、症状识别

1.茶饼病

茶饼病主要危害茶树嫩叶和新梢，先在嫩叶上产生淡黄色水浸状病斑，而后逐渐扩大成圆形斑。病斑正面凹陷，背面突起，上生灰白色或粉红色粉末，最后粉末消失，凸起部分萎缩成枯斑，边缘一圈灰白色，形似饼状。嫩梢发病时，常倾向一侧，病部畸形膨大，枝梢易枯萎。

2.茶白星病

茶白星病主要危害叶片，最初出现褐色小斑点，而后扩大成圆形病斑，中央灰白色，凹陷，边缘有暗褐色或紫褐色隆起线。感病的叶片易早期脱落，发病后期，病斑上散生黑色小粒点。

3.茶云纹叶枯病

茶云纹叶枯病主要危害叶片，在叶片叶尖或边缘产生病斑，初为黄褐色水浸状，而后形成浅褐色与灰白色相间的不规则形斑块，病斑上有波状轮纹，形似云纹状，后期病斑上产生黑色扁平圆形粒点，沿轮纹排列。

4.茶炭疽病

茶炭疽病主要危害叶片，发病部位从叶缘与叶尖开始，最初出现暗绿色水浸状圆点，而后扩大成茶褐色的不规则形大斑，最后色泽加深为红褐色，边缘有黄褐色隆起线。后期病斑生有黑色小粒点，病斑大小不一。

5.茶苗根结线虫病

茶苗根结线虫病为害1~2年生实生苗或扦插苗幼根，发病后，在主根和侧根上形成瘤状物，表面粗糙、黄褐色，病根畸形，常无须根。病株地上部分叶片发黄，植株矮小，严重时大量落叶，甚至整株枯死。

二、综合防治措施

1.农业生态防治

（1）选用抗病良种，采用大田土育苗，保持田园清洁，减少病菌传播和虫卵侵入，从而培育健壮茶苗。

（2）深翻土壤。新建菜园，土壤翻耕深度要求达到50厘米以上；成龄茶园，土壤翻耕深度要求达到25厘米以上，将表土中的病菌和虫瘿翻入深层，减少初侵染来源。

（3）茶苗健身移栽。加强检疫，防止从病区调入茶苗。取苗前10~15天，喷一次1：0.5：200的波尔多液，健身取苗。定植时，用90%晶体敌百虫1000倍液蘸根，防止将病菌和虫瘿带入茶园。

（4）加强田间管理。彻底清除茶园枯枝落叶和病株残体，集中销毁或深埋，严禁将病株、病根随意丢弃在田间、地埂等处，以减少再侵染来源。

（5）测土配方施肥。检测土壤中养分含量，结合茶树不同生长期需肥特点，增施有机肥，配合施用磷、钾肥，促进茶株生长健壮，提高茶树抗病能力。

2.药剂防治

春茶采收前及采收后是药剂防治的关键时期，严禁采茶期施用化学农药，应选用高效、低毒、低残留药剂。

发生初期，用25%粉锈宁1000倍液或70%甲基托布津可湿性粉剂1000~1500倍液，进行篷面喷雾，防治茶饼病、茶云纹叶枯病效果明显。

用70%百菌清1000倍液、50%多菌灵600~800倍液或80%炭疽福美可湿性粉剂800倍液喷雾，防治茶白星病、茶炭疽病效果明显。

防治茶苗根结线虫病，可选用50%辛硫磷乳油500倍液或90%晶体敌百虫800倍液灌根，效果良好。（贵州　罗勇　吴江　陈健）

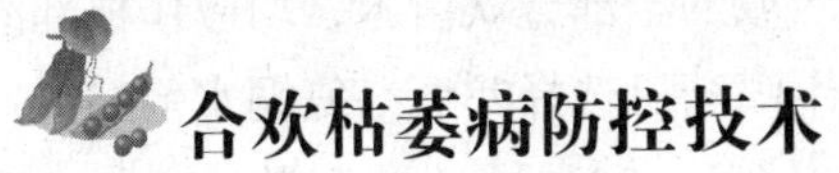

合欢枯萎病防控技术

合欢枯萎病一旦发生，很难治愈，因此应把工作重点放在预防上，制定综合性的防控方案，防微杜渐。

首先要加强植物检疫，严禁调运带病苗木。从外地（包括区、县）调运苗木时，必须有当地检疫部门开具的检疫证书。

其次要确保适地适树、加强养管。合欢不耐水湿，要选在地势较高、排水良好的沙壤土中栽植。苗木种植前应对土球做消毒杀菌处理，栽植后要加强肥水管理，提高植株生长势，注意抗旱排涝。尽量少剪枝，剪枝后必须立即涂伤口保护剂。如果发现病株有超过1/3的枝干存在叶子发黄、干枯脱落时，应立即清除病株。

在群植合欢区域，一旦发现病株，应立即清除，以免传播病菌。枯枝、病株和枯死株清除后，要集中销毁，同时还应在树穴及周围相邻土壤浇灌40%福美砷50倍液、可杀得2000倍液，或者用30%恶霉灵500倍液处理土壤，进行杀菌消毒，防止病菌蔓延。在发病区域不再补植合欢，应更换其他树种。在对病株进行修剪作业时，每一单株使用过的剪刀、手锯、锄头等园林工具，必须立即消毒，可在福尔马林中浸泡10分钟，然后进行下一单株的操作，以免相互感染，扩大病区。

最后是科学的药剂防治。药剂防治是防控合欢枯萎病的重要一环，防控重点应放在近些年新移栽的合欢树上，针对不同情况采取相应的措施。

在未发病区域，对于生长健壮的苗木，暂不作药剂防治处理，对于那些生长势弱的苗木，应对树冠和树干部位作药剂预防处理。对发病区域的全部合欢苗木，均应作根部灌药和枝干喷药防治处理。枝干喷药可选择23%络氨铜水剂250～300倍液、25%敌力脱乳油800倍液、20%抗枯灵水剂400～600倍液等。为避免树木产生抗药性，各种药物应交替使用，每隔7～10天复喷1次，需连续喷2～4次。根部灌药建议用30%恶霉灵500倍液或可杀得

2000倍液浇灌，在树冠投影区施用，每平方米浇2～4公斤药液，每10天浇1次，连续浇3～4次，亦应注意交替用药。灌根和枝干喷药均应在合欢叶芽萌动初期使用。（北京　雷增普）

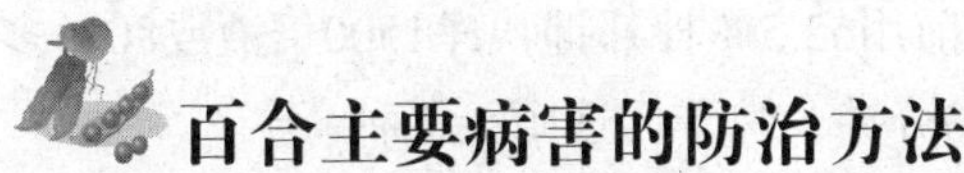

百合主要病害的防治方法

一、百合疫病

1.症状

百合疫病又称为脚腐病，全株（包括花器、叶片、茎、茎基部、鳞茎、根）均可发病。感病花器枯萎、凋谢，其上长出白色霉状物；叶片感病之初出现水浸状病症，而后枯萎；茎部与茎基部组织感病之初出现水浸状病斑，而后变褐、坏死、缢缩，染病处以上部位完全枯萎；鳞、茎感病后褐变、坏死；根部感病后变褐、腐败。

2.发生规律

百合疫病病菌恶疫霉以厚垣孢子、卵孢子或以菌丝体随病残株在土壤中越冬，为翌年的初侵染病原。翌年春季条件适宜时，孢子萌发，侵染寄主引起发病，病部又产生大量孢子囊引起再侵染。该病于3月下旬至4月上旬始见。流行期为4月中旬至5月下旬。5月中旬开始进入垂直发展阶段。5月中旬至6月下旬为垂直发展流行期，流行期长，危害严重。7月上旬病情基本稳定。其中，以5月下旬至6月上旬为流行高峰期。

3.防治方法

改善种植制度：采取水旱轮作，这样不仅有助于改良土壤性状，还可以改变病原菌的生存环境，减少菌源，从而减轻病害的发生与危害。

土壤选择与处理：选择土质疏松、土层深厚的沙壤土，播种前用30%恶霉灵1500倍液进行地面喷雾。

种子选择与处理：选择海拔较高地区（800米以上）的无病种球，播种前用52.5%杜邦抑快净1500倍液或80%多菌灵1000倍液浸种5~10分钟，晾干后选晴天播种。

合理密植：根据种球大小，种植密度为每亩1.5万~2万蔸，行距0.3~0.4米，株距0.1~0.18米。

肥水管理：田间开好三沟（厢沟、腰沟、围沟），腰沟和围沟要深见犁底层，并随时清理，做到雨停沟干；重施基肥及腐熟有机肥，切勿偏施氮肥，适当增施磷钾肥。

苗后药剂防治：在病害初现症状时期（3月下旬~4月上旬）选用68.75%杜邦易保1000倍液加芽孢数1011个/克枯草芽孢杆菌（仓美）3000倍液或72%杜邦克露500倍液加75%百菌清500倍液喷雾；7~10天喷1次，连喷2~3次，药液用量每亩60公斤以上；在5月以后病害流行期用52.5%杜邦抑快净1600倍液加40%王铜·菌核净500倍液喷雾，7~10天喷1次，连喷2~3次，喷雾均匀周到，药液用量为每亩90公斤以上。

二、百合灰霉病

1.症状

主要危害幼百合茎叶，发生在茎部，使茎的生长点变软、腐败；发生在叶部，形成黄色或黄褐色斑点，病斑为圆形至卵圆形，其周围呈水渍状。天气潮湿时，病部产生灰色的霉层，这是病菌的分生孢子梗和分生孢子。高温干旱季节发病，病斑干且变薄，为浅褐色。随着病情的发展，病斑逐渐扩大，造成叶片枯死。茎部受害，被害部变褐色和缢缩，并可倒折。个别鳞茎染病，引致腐烂。后期病部可见黑色细小颗粒状菌核。

2.发病规律

该病由半知菌亚门葡萄孢属真菌引起，病菌以菌丝体在被害寄主病部或以菌核遗留在土壤中越冬。第二年春季随着气温的上升，越冬后的菌丝体在病部产生分生孢子梗和分生孢子，通过风雨传播，引起初侵染。田间发病后，病部可再产生分生孢子，造成再次浸染。在气温15~25℃、相对湿度大于90%时病情扩展快，故连续阴雨后该病易重发。

3.防治方法

农业防治：选用无病种球；保持田间通风透光，避免过分密植，培育健壮植株，增强抗病力；及时清除病残组织，以减少菌源；实行水旱轮作。

药剂防治：发病初期用500克/升异菌脲SC600倍液喷雾或50%腐霉利(速克灵)喷雾，7~10天1次，连喷2~3次。

三、百合炭疽病

1.症状

该病菌主要侵害叶片、花和鳞茎。叶片发病后，产生椭圆形、淡黄色、周围黑褐色的病斑，病斑中央稍凹；花瓣被害时，产生椭圆形、淡红色的病斑。发病严重时，病叶干枯脱落。在天气潮湿时或下雨后，叶片病斑上会长出很多黑色小粒点，此为病菌的分生孢子盘。鳞茎发病，外侧的鳞片产生淡红色不规则形的病斑，病、健分界明显，以后病斑变成暗褐色并硬化。

2.发病规律

该病是由半知菌亚门刺盘孢属真菌引起，病菌主要以菌丝体在病残组织内越冬；种用的鳞茎也可带菌传病。第2年在环境条件适宜时，病部产生分生孢子，通过风雨传播，引起初侵染。田间发病后，病组织上可以形成分生孢子，造成再次侵染。

3.防治方法

农业防治：选用无病种球；及时清除病残组织，减少菌源；及时清沟排水；实行水旱轮作。

药剂防治：发病初期使用22.5%啶氧菌酯（杜邦阿砣）1500倍液、或68.75%杜邦易保1000倍液、或70%甲基托布津500倍液喷雾，隔7～10天用药1次，交替使用，共喷2～3次。（湖南 彭建波　李泽森）

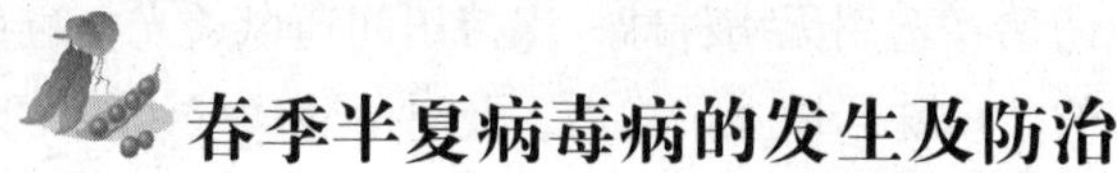

春季半夏病毒病的发生及防治

一、发病原因

刚出苗的半夏叶片小而幼嫩，抵抗外界病害的能力较差，再加上半夏播种后刚出苗的时间正是蚜虫和灰飞虱高发期，种植半夏地块的空间飘飞很多的蚜虫、灰飞虱，只要半夏的幼苗出土，蚜虫、灰飞虱就会立即飞到半夏幼苗的叶片上吸食养分，同时把它们体内携带的各种病菌和病毒传播到半夏的幼苗上。半夏幼苗染病后，叶片初期出现黄色不规则的斑点，而后叶片逐渐变为花叶，皱缩扭曲，叶片上卷，植株矮化成畸形，生长不良，严重影响半夏的产量和品质，这种病叫病毒病，也称缩叶病。

病毒病的发病根源主要是由于蚜虫、灰飞虱传毒，蚜虫可传播黄矮病毒，灰飞虱可传播丛矮病毒，特别是靠近路边、沟渠、河堤、麦田、棉花、菜园的半夏地块最容易传染病毒病，所以要提前防治蚜虫、灰飞虱，并在连续阴雨天过后及时喷洒杀菌农药预防病害，这是从根本上杜绝半夏病毒病发生和传播的有效技术措施。

二、防治措施

1.选择无病的地块和区域种植，土壤以中壤土为好，pH值6.5~7.5。

2.严格筛选做种用的半夏良种，上年发生病害的地块所产的半夏块茎和野生的半夏块茎不可以做种用。为了确保半夏种茎不携带病毒，种植前应对种茎进行药剂消毒处理。

3.多施用经发酵并腐熟的有机肥，适当追施磷、钾肥。

4.半夏出苗后，及时彻底消灭蚜虫、灰飞虱等，防止其发生和传播。①蚜虫防治：可以选用40%乐果或2.5%溴氰菊酯或10%氯氰菊酯乳油2500倍液，7~10天喷1次，交替喷雾防治。②灰飞虱防治：可以选用毒死蜱、吡蚜酮、敌敌畏等常规农药交替喷雾防治。

5.从发现半夏幼苗发生蚜虫、灰飞虱害虫2天后，半夏叶片上就会出现小黄点，这是病毒病的发病初期。此期可以选用病毒清、克毒威、毒霸等新型低毒、低残留的药剂喷洒治疗，每3天喷1次，交替用药连续喷洒3次。（山东　李洪军　李磊）

五味子“猝死”原因及防治

多年来，五味子果园常见五味子“猝死”现象发生。一些五味子正值嫩芽旺盛生长期，突然遇到一个气温较高的中午，午前嫩芽还正常生长，午后就突然萎蔫枯死；或者突然下雨，雨后植株“猝死”。

通常在五味子园中，这种现象成片或呈一条线状发生，或几株猝死。有的整株死亡，有的半边猝死；有的猝死后能发新芽，有的猝死后不能发芽而死亡。

一、原因分析

如果是因肥料或除草剂中毒、虫害、根腐病或土壤中有毒物质造成根部腐烂致死，则五味子必须经过一个由正常到树体衰弱的逐渐死亡过程，而且不会死而复生。

究其原因，我们认为是秋季遇到严重干旱而不浇水，毛细根在土壤中干枯死亡；或遇到秋季雨水过量，土壤通气不良，毛细根因窒息而死亡。第二年春季，仅靠树体储存的营养和水分供发芽、开花和坐果，待树体内储存的水分枯竭，突遇一个高温的中午，树体蒸发量大，地下新生的毛细根尚未健全，根系供水跟不上，从而造成树体嫩芽猝死。如果春季持续干旱，新的毛细根迟迟长不出来，嫩芽“猝死”后即会导致整枝或全树死亡。

二、防治措施

1.改善土壤结构，创造一个良好的通气环境。遇到干旱及时浇水，防止毛细根因旱干死。

2.多雨时及时排水，雨后及时松土通气，防止毛细根窒息而死。

3.利用挖穴施肥的方法，及时在垄内、垄上及时补肥、补水，促进毛根的生长。

4.秋季及时松土，并进行补水。（吉林　孙国华　鲁俊清）